U0174990

山区小流域洪水过程及其模拟

张艳军　许文盛 等 编著

国家重点研发计划项目课题"山洪模拟模型及设计洪水计算方法研究"
（2017YFC1502503）、国家自然科学基金重大项目"地形急变带生态-
水文过程对岩土水力性质的影响及分异规律"（41790431）资助出版

科 学 出 版 社

北 京

内 容 简 介

在我国山洪灾害频发、严重威胁人民生命财产的背景下，对湿润山区小流域的非线性产流问题展开深入研究，不仅是当前山洪防治的重大国家需求，更是当前国际水文学研究的前沿与难点。湿润山区小流域径流的主要来源是基岩-土壤界面上暂态饱和区的壤中暴雨流，其在储水过程中具有亏缺补偿现象和泄流过程中的优先流路径连通现象，造成壤中暴雨流的非线性产流难题。这严重制约了湿润山区小流域的径流模拟预报精度，造成山洪预警的虚警和漏警，亟待突破。本书基于在湖北省官山河开展的野外原位观测，运用探地雷达勘测技术，在探明土壤深度的基础上，力求揭示壤中暴雨流的非线性产流机制，构建湿润山区小流域水文模型，提高其径流过程的模拟精度。本书不仅有利于山坡水文学的研究发展，也可为山洪灾害防治提供支撑。

本书可供水利工程和山洪灾害防治领域的学生、科研人员和工程师等阅读使用。

图书在版编目（CIP）数据

山区小流域洪水过程及其模拟/张艳军等编著.—北京:科学出版社，2021.4
ISBN 978-7-03-066958-2

Ⅰ.① 山… Ⅱ.① 张… Ⅲ.① 山区-小流域-洪水-水文模拟 Ⅳ.① P331.1

中国版本图书馆 CIP 数据核字（2020）第 229408 号

责任编辑：孙寓明/责任校对：高　嵘
责任印制：张　伟/封面设计：苏　波

科学出版社 出版
北京东黄城根北街 16 号
邮政编码：100717
http://www.sciencep.com
北京凌奇印刷有限责任公司 印刷
科学出版社发行　各地新华书店经销
＊

开本：787×1092　1/16
2021 年 4 月第 一 版　印张：9 3/4
2022 年 2 月第二次印刷　字数：232 000
定价：78.00 元
（如有印装质量问题，我社负责调换）

前 言 Foreword

我国山区暴雨频发，地质地貌条件复杂，人类活动剧烈，导致山洪灾害频发，损失严重。2010年后，山洪年均造成的死亡人数约为350人，占全国洪涝灾害死亡人数的比例为80%，已成为造成人员伤亡的主要灾种，对我国人民群众的生命财产安全造成了巨大的威胁。为提高山洪灾害的防治水平，我国积极开展了山洪灾害预警预报工作，但是，目前山区小流域洪水预警的成功率仅为1/3左右，虚警和漏警的比例均较高。究其原因，除我国山区普遍缺少资料外，山区小流域产流机制复杂也是山洪预报准确率较低的原因之一。因此，开展山区小流域的产流机制研究，并研制山洪模型具有重要的理论价值和实践意义。

2017年，科技部发布的"山洪灾害监测预警关键技术与集成示范"重点专项申报指南仅要求"山洪洪峰洪量预报精度由40%提高到50%"，远远低于《水文情报预报规范》（GB/T 22482—2008）对常规水文预报"以实测洪峰流量的20%作为许可误差"的要求。由此可见，对山区小流域进行洪水预报的难度很大。因此，加强我国山区小流域山洪模型的研究无疑是必要而迫切的。

目前，世界各国的水文学者已经认识到壤中暴雨流机制是湿润山区小流域的主要产流机制之一。这种产流机制使得径流和降雨呈现明显的非线性关系，是造成山洪场次洪水"雨大水小"和"雨小水大"现象的重要原因之一，也是山洪流量预报精度不高、山洪预警常见虚警及漏警的主要原因之一。针对这种复杂的壤中暴雨流的非线性产流问题，笔者及研究团队一方面积极开展野外原位观测，利用探地雷达勘测等先进技术，进行机理研究；另一方面积极研发适用于湿润山区小流域的水文模型，以提高山洪的预报精度和预警成功率，最终为山洪灾害防治提供支撑，为保障我国山区可持续发展做出贡献。

本书由武汉大学水利水电学院张艳军担任主编，长江科学院许文盛和武汉大学水利水电学院程磊、佘敦先、张利平，以及四川大学黄尔担任副主编。各章主要编写人员如下：第1章由陈宁玥、张艳军、吴金津、王俊勃、黄艳、赵建华、郭炅编写，第2章由邱安妮、张利平、苏航、程磊、许昕、林沛榕、王鑫编写，第3章由许鸿博、陈秀篁、佘敦先、黄尔、董文逊、袁迪、宋圆馨编写，第4章由邹薏轩、张艳军、韩文钰、王素描、刘佳明、章瑜、罗兰编写，第5章由许文盛、童晓霞编写。

本书受国家重点研发计划项目课题"山洪模拟模型及设计洪水计算方法研究"（2017YFC1502503）、国家自然科学基金重大项目"地形急变带生态－水文过程对岩土水力性质的影响及分异规律"（41790431）资助出版，特此感谢。对于参与、支持和帮助本书编写与出版的单位和个人，表示衷心的谢意。

作 者

2020年9月28日于武汉珞珈山

目 录 Contents

第 1 章

绪　论

1.1 山区水文模型研究进展

1.1.1 水文过程研究进展

水文过程模型作为流域水文模型的基础，一直推动着水文模型的发展，该类模型包括：坡面产流模型、坡面汇流模型及河道汇流模型。

坡面产流模型在 19 世纪后期开始发展，随着霍顿（Horton）提出超渗产流的概念（Horton，1933），并且出版了论著 *Surface runoff phenomena*（《地表径流现象》）（Horton，1935）取得重大突破。霍顿详细阐述了超渗产流中地下径流形成的机理，这为坡面产流的模拟提供了依据。20 世纪 60 年代开始，在大量野外观测的基础上，Dunne（1978）发现除超渗产流外，还存在另一种产流机制——蓄满产流。以赵人俊（1984）为代表的我国水文学者通过大量实验发现，在湿润地区主要发生蓄满产流，而在干旱地区主要发生超渗产流。Kirkby（1978）出版了 *Hillslope hydrology*（《山坡水文学》），该书中关于山坡水文学的研究进一步地推动了产流机制的研究，使得人们对产流的认识更为深入。

Sherman（1932）为解决如何由净雨过程线计算出口断面流量过程的问题，提出了单位线的方法。在该方法的基础上，流域汇流方法取得了重大进展。Zoch（1934）提出了瞬时单位线及线性水库的概念。Clark（1945）将线性水库与等流时线法结合，提出了瞬时单位线法。之后，Nash（1960）提出了基于伽马函数分布的瞬时单位线。Rodríguez 和 Valdés（1979）提出了地貌单位线的概念，该理论将净雨量在流域上传播时间的概率密度函数定义为地貌瞬时单位线。Beven（1982）提出建议，将上述函数采用指数分布，而该分布参数与河道长度的 1/3 次方成正比，比例系数和该流域的平均滞时有关。地貌单位线的提出，将流域地貌与流速在空间上的分布联系起来，这样可以直接使用出口断面的流量资料推求出流域的瞬时单位线。

河道汇流过程一般有两种模拟方法：水文学方法和水动力学方法。水文学方法的理论基础是圣维南方程组，但是求解该方程组过于复杂，一般是先将其进行简化。通常情况下，将圣维南方程组简化为运动波方程、扩散波方程及惯性波方程，然后进行求解。河道演算运用了扩散波方程，常用的方法有马斯京根法、特征河长法等。水动力学方法的基础是流体力学的数值模拟，目前已取得了显著进展（万洪涛 等，2000）。数值计算方法包括有限元法、有限差分法等（沈焕庭，1997）。这些产汇流的理论方法极大地推动了水文模型的发展。

1.1.2 流域水文模型研究进展

流域水文模型主要依托于产汇流理论的发展而发展。20 世纪 60 年代后，随着产汇流理论的发展，各种试验、系统理论模型包括分布式模型和集总式模型都得到了快速的发展及应用。同时,水文循环的机理及演变规律也取得了丰富的成果(王维,2017)。相应地,国外涌现了各种著名的水文模型,如比较简单的包顿模型、第 IV 斯坦福流域模型、美国农业部水土保持局(Soil Conservation Service,SCS)模型、萨克拉门托模型等(Jutta et al.,2008)。包顿模型是 1966 年由澳大利亚的包顿研制的(Boughton,2004),该模型是日尺度的流域水文模型,在干旱半干旱地区较为适用。斯坦福流域模型(Stanford watershed model,SWM)是第一个真正的流域水文模型(吕允刚 等,2008;Linsley and Crawford,1960)。从 1959 年开始,该模型经过了不断的发展与改进,1966 年已演变为第 IV 斯坦福流域模型。该模型物理意义明确,结构分明,为以后的模型奠定了基础。在这之后,还有比较著名的萨克拉门托模型,该模型是在第 IV 斯坦福流域模型的基础上发展的。虽然它的研制较晚,但功能完善,在湿润地区及干旱地区的适用性都比较好(王斌 等,2017)。与这些模型不同,由日本菅原正巳提出的水箱模型将这些复杂的降雨径流关系进行了简化,模型中没有直接的物理量,而是对流域水文循环进行间接模拟(孙娜 等,2018),该模型参数简单,易于操作。

我国的水文工作者依据产汇流理论及相关的统计学方法,建立水文模型并应用于水文预报等领域。于是,诸多适用于我国产汇流特点的水文模型相继出现(石教智和陈晓宏,2006)。李蝶娟和周冰清(1992)分析了我国多个流域的降雨径流关系,并将自回归总径流线性响应模型及修正的霍顿(Horton)曲线分别应用于淮河、长江等流域。温灼如等(1987)发现引进国外的诸多模型在我国的适用性不理想,于是建立了分层径流一维水动力学模型,并在多个流域进行应用。为了寻找适合我国的水文模型,赵人俊(1984)先后建立了新安江模型及陕北模型,该模型假设包气带的蓄水容量满足 n 次的幂函数曲线分布,在湿润半湿润地区有着广泛的应用,同时,模型的模拟精度也较高,推动了我国的水文模型发展。

20 世纪 80 年代,随着水科学领域的迅速发展,流域水文模型也面临着诸多挑战,而因水文模型自身的限制,大部分的模型已经无法适应这些挑战,这个时候分布式水文模型开始得到广泛关注(熊立华和郭生练,2004)。早在 1969 年,Freeze 和 Harlan(1969)便提出了分布式水文模型的框架,该框架以水动力学方程为基础。1982 年,英国、法国和丹麦的科学家共同研制了最早的分布式水文模型,该模型称为欧洲水文系统(System Hydrological European,SHE)模型(Abbott,1986a,1986b)。SHE 模型使用质量、能量、动量守恒的偏微分方程(也可为经验方程)来描述截留、下渗、地表径流、壤中流、地下径流等水文循环过程。在 SHE 模型的基础上,又研制出 MIKE-SHE(MIKE System Hydrological European)模型(Christiaens and Feyen,2002),使模型的适用性加强。我国在这方面的研究开始较晚,但是发展速度较快。郭生练等(2001)建立了一种分布式水文模型来对流域径流过程进行分析。经过大量资料分析,夏军等于 1989~1995 年提出了基于非线性的时变增益模型(time variant gain model,TVGM),证明时变增益这个概念在非线性问题的描述上是和 Volterra 泛函级数等价的,并且进一步发展为和地理信息系统(geographic information system,GIS)/数字高程模型(digital elevation model,DEM)相结合的时变增益分布式水文非线性模型(distributed time variant gain model,DTVGM)。经过十多年的发展应用,DTVGM 已经在诸多流域加以实践应用,取得的成果说明了模型能够很好地反映水文系统的非线性特征。王纲胜等（2002）在潮河流域建立了 DTVGM，模型的效率系数高达 0.85；夏军等（2003）在青海黑河流域建立了日尺度 DTVGM，模型的效率系数达到了 0.75；王渺林等（2006）在涪江流域建立了日尺度 DTVGM，模型的效率系数为 0.80；夏军等（2007）在黄河无定河流域分别建立了月、日、时尺度的 DTVGM，除小时模型模拟效果较差，效率系数仅为 0.53 之外，月尺度模型和日尺度模型模拟的最终效果都不错。

然而，基于物理机制的、耦合的、能明确表明空间性质的流域规模水文过程的发展是以高计算成本和对必要输入数据的高需求为代价的。因此，基于物理性质的降雨径流预测仍然很少用于实际生产，应用于实际生产的大都是简化的物理或概念模型（Herrnegger et al.，2018；Addor et al.，2017；Stanzel et al.，2008）。此外，基于数据的机械建模概念（Young and Beven，1994）或完全数据驱动的方法，如回归、基于模糊理论或人工神经网络（artificial neutral network，ANN）的方法，也在这方面得到了开发和探索（Solomatine et al.，2008；Zhu et al.，1994）。递归神经网络（recurrent neural network，RNN）具有特殊的神经网络结构，经过独特的设计，它可以按时间顺序处理输入数据序列来学习序列的时间动态性（Rumelhart，1988）。

近年来，神经网络领域的深度学习（deep learning，DL）受到广泛关注。与水文建模一样，深度学习的成功在很大程度上得益于计算机技术的改进，尤其是在图形处理单元和图形处理器（graphics processing unit，GPU）上的改进（Hochreiter et al.，1997），以及大型数据集的开放（Schmidhuber，2015；Halevy et al.，2009）。深度学习最著名的应用领域是计算机视觉（Farabet et al.，2013；Krizhevsky et al.，2012）、语音识别（Hinton et al.，2012）和自然语言处理（Sutskever et al.，2014），目前也已应用于水文问题。Shi 等（2015）研究了降水预报的深度学习方法。Tao 等（2016）利用深度神经网络对卫星降水产物进行了偏差校正。Fang 等（2017）基于美国国家航空航天局（National Aeronautics and Space Administration，NASA）的土壤湿度主被动（soil moisture active and passive，SMAP）探测卫星数据，使用深度学习模型预测了土壤水分。Assem 等（2017）运用深度学习的方法将爱尔兰香农河的水位和流量预测结果与多基线模型进行了比较，得出深度学习方法始终优于所有基线模型的结论。Zhang 等（2018a）基于雨量计和水位传感器的在线数据，通过神经网络模型模拟和预测了挪威德拉门的综合下水道的水位，并比较了不同神经网络结构的性能，结果表明长短期记忆（long short-term memory，LSTM）网络及另一种具有细胞记忆的重复性神经网络结构比没有显式细胞记忆的传统结构更适合于多步预测。Zhang 等（2018b）使用 LSTM 网络预测农业地区的地下水位，并将基于 LSTM 方法的模拟结果与传统神经网络的模拟结果进行了比较，发现前者优于后者。总的来说，深度学习方法在水文和水科学领域最近才成为研究热点，已经展现出一定的潜力。

1.1.3 山区小流域洪水预报模型研究进展

山洪灾害每年都会造成重大损失，尤其是对基础设施的破坏，严重威胁着居民的人身安全。国外较早展开了相关研究，从 1851 年摩尔凡尼提出的小流域的推理公式，到 20 世纪 50 年代的流域水文模型，再到 70 年代的分布式水文模型，均在山洪预报中得到了应用（刘志雨，2012）。

我国山势地貌复杂，降雨的时空分布不均匀（王云，2017），同时，大部分小流域水文气象资料缺乏。我国从 20 世纪 50 年代开始对山洪灾害进行研究，虽然起步相对国外较晚，但是对于山区小流域的洪水灾害研究在不断发展（张东锋，2017）。早在 1957 年，陈家琦提出了针对山区小流域设计的洪水计算推理公式，该公式也是我国设计洪水相关规范中使用的计算方法。80 年代各单位编制了反映各地区特征的《水文图集》。在这之后，石牡丽（2017）提出了经验公式，该公式适用于水文资料缺乏的山区小流域，并且得到了广泛的应用。之后，随着计算机技术及计算方法的不断发展，分布式水文模型也不断被用于山区小流域洪水预报。

综上来看，对于山洪预报模型的研究，包括两个方面（李昌志和郭良，2013）：①对已有的暴雨资料进行分析，并对历史洪水与当前洪水进行比较，总结其特点规律，研究相应的经验公式和模型；②通过对研究区基本情况进行调查，探索洪水发生的主要影响因素，研究具有物理机制的公式和模型。虽然目前对于山洪预报方法的研究已经取得比较丰富的成果，但是，对于山区流域的产流机制的研究却比较缺乏，导致山洪模拟的精度较差。

1.2 产流机制研究进展

1.2.1 基本产流模式研究进展

1. 传统产流机制

产流是流域降雨到径流产生的过程，产流模式则是揭示对应流域的实际物理过程。传统产流模式主要包括超渗产流、蓄满产流等。

1933 年霍顿提出了第一个产流理论：超渗产流，即当降雨强度大于土壤下渗能力时，超渗部分形成超渗地面径流，下渗水扣除蒸发后补充土壤缺水，当土壤含水量达到田间持水量后超持水量形成地下径流（钱群，2014；Horton，1933）。该理论解释了均质包气带的产流机理，但无法解释非均质或者表层渗透性强的包气带产流现象。

1936 开始，许多学者通过试验观测，得出地下径流在暴雨径流产生过程中具有重要作用（Hursh and Brater，1941）。Hewlett 和 Hibbert（1963）发现土壤非饱和区也会形成壤中流或地下径流。Dunne 和 Black（1970）发现在包气带表层疏松的地区，土壤下渗能力很大，在降雨强度不大时，却能出现地表径流。在此基础上有学者提出了另一种产流机制：蓄满产流，即以包气带初始蓄水条件为基础，当降雨下渗使得包气带土壤达到饱和后才会产生地表径流，并且证实了非均质包气带也会产生壤中流（钱群，2014；Dunne and Black，1970；Betson，1969），从而改变了地表径流形成的单一模式，并且丰富了地下径流理论。

2. 混合产流机制

随着研究的深入，有学者发现在一场降雨径流过程中，产流机制并非一成不变，随着降雨强度和历时的变化可能发生超渗产流和蓄满产流的转化，一个地区的产流方式也有可能是超渗产流与蓄满产流的某种结合。例如，包为民和王从良（1997）提出的垂向混合产流模式，是在垂向上将超渗产流和蓄满产流组合的混合产流模式，该模式阐释了一个流域两种产流模式并存的情况，极大地丰富了我国产流特征的研究方法。

1.2.2 壤中暴雨流机制研究进展

1. 定义

目前对于山区小流域产流模式的研究成果较少，除传统的产流理论外，较为经典的一个理论是壤中暴雨流理论。根据 Dingman（2015）编著的 *Physical Hydrology*（3rd Edition）中的定义，壤中暴雨流（subsurface storm flow）是壤中流（subsurface flow）的一种，也称为壤中水径流（芮孝芳，2004）、暴雨快速壤中流或快速壤中流（文佩，2006）。它主要指在降水过程中，由于山坡表层透水性很强，降雨会快速下渗并蓄积在相对不透水层或者土壤-基岩界面上，形成土壤暂态饱和区，进而产生饱和（或近饱和）侧向流动的现象。它区别于在水体土壤非饱和区的流动。

在比较上百个不同流域的研究成果后，Mirus 和 Loague（2013）总结了湿润山区小流域产流模式的重要特点：径流主要来源于壤中暴雨流，传统的饱和地表径流（saturation overland flow）和超渗地表径流（hortonian overland flow）占河道径流的比重都很小。这也是山区小流域的场次洪水的洪量和降水量相关性低，经常出现"雨大水小"或"雨小水大"现象的原因之一。根据 Mirus 和 Loague（2013）对蓄满产流机制的总结改进，壤中暴雨流通常发生在土壤-基岩界面上，是湿润、陡峭、植被覆盖良好的山区的主要产流机制，也是山区流域径流的最主要组成部分。

不同于饱和地面径流和超渗地面径流，学者对壤中暴雨流的认识经历了一个漫长的过程，如图 1.1 所示。

最初，Engler（1919）在瑞士森林中进行了渗透实验，观察到水渗入根系区，并在土壤中或土壤-基岩界面的"无数缝隙"中产生横向流动。Hursh 和 Brater（1941）开始认识到在森林覆盖较好的威塔（Coweeta）实验流域中，河道径流对暴雨的响应包括两个主要组成部分:河道降水和壤中暴雨流。此后,壤中暴雨流机制逐渐开始取得进展。Mosley（1979）的研究表明，在陡峭的森林山坡上，由于大孔隙的存在，径流对降雨的响应时间

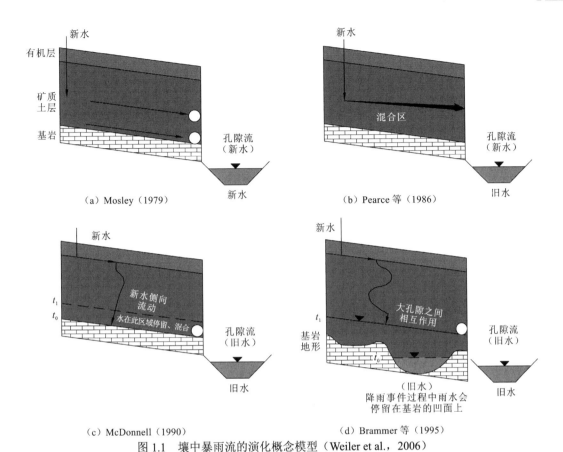

图 1.1　壤中暴雨流的演化概念模型（Weiler et al.，2006）

短，很快就形成了侧向流动，使壤中暴雨流成为河道源头洪水的主要来源。在这个过程中，河道径流大部分是本次降雨事件的新水（event water），如图 1.1（a）所示。Pearce 等（1986）对 Maimai 流域进行了研究，他们收集了降雨、土壤水和溪流的样本，并分析了电导率、氯化物、氚和氧-18 组成。他们发现：①大部分旧水（pre-event water，也称事件前水）和新水的混合发生在山坡上；②流向河流的地下水流是储存水的同位素均匀混合物。因此，Pearce 等（1986）假设了一种概念模型，这种概念模型无须通过土壤中的大孔隙的新水来解释河流流量响应，因为事件前水是本场降雨期间流入河道的主要成分，如图 1.1（b）所示。McDonnell（1990）将同位素示踪的数据与土壤张力结合起来，研究了上述早期概念模型之间的差异。研究发现：①土壤-基岩界面上的地下水位持续时间非常短，与山坡的出流密切相关；②土壤-基岩界面上方区域的孔隙非常大，可以用于解释地下水位的下降和孔隙水压力的消失。因此，他们提出了一种新的概念模型，当降雨运移到土壤深处时，水在土壤-基岩界面处存储，并与大量的旧水混合，然后通过土壤-基岩界面上的孔隙排出，使得地下水位逐渐下降并形成径流，如图 1.1（c）所示。在这些研究基础上，Brammer 等（1995）认为基岩的地形是地下水在湿润山坡土壤中存储的关键决定因素，如图 1.1（d）所示，在水文模型中需要考虑基岩地形因素。

2. 径流构成

壤中暴雨流机制所表达的是在产生降雨后,在山区坡面的河道上产生水文响应的所有产流过程。该过程在坡面尺度上的流态可以划分为均匀基质流和优先流。

如果水已经存储在连接饱和区或接近饱和区的土壤中,侧向基质流会是一种可行的壤中暴雨流过程。这些区域可能会对向下渗透的水分引起的横截面积和水力坡度的增加做出快速的响应,该过程可能发生在土壤结构为上层渗透能力较高而下层渗透能力较低的土壤层(如基岩、泥质地层等)的山坡上,因此较小的降雨就能增加水力坡度和地下水面的横截面积,从而形成连通的瞬态地下水。同时由于坡面上储存的水量与降水量相比较大,这种均匀基质流会导致事件前水对河流有巨大的贡献(Weiler et al.,2006)。

优先流是渗流的一种,它发生于土壤的非饱和带中,与达西定律所描述的土壤渗流有所差别。在土壤各向异性条件下,土壤的非饱和带中的水流下渗过程并不是简单的一维垂直向下流动,而是由于土壤的非均匀性质,通过孔隙、裂隙等优先流路径,绕开了大多数土壤体积向下流动,这使得优先流的下渗速度比简单的一维渗流速度更快,而且更难进行研究。对于优先流的界定,并没有明确的统一概念,很多学者都基于自己的研究成果,从不同的角度提出了对优先流的不同认知(徐宗恒 等,2012a)。

Beven(1982)针对有大孔隙存在的非饱和土壤中的渗流无法用达西定律描述的问题,对土壤大孔隙流进行了实验研究,发现水流沿着大孔隙绕开土壤向下快速流动的现象,并将这种大孔隙流归于优先流,讨论了大孔隙流对壤中暴雨流的影响,但由于当时条件的限制,并没有提出其他类型的优先流。Hendrickx 和 Flury(2001)结合田间研究和实验室研究,对地下流动进行分类,认为优先流是水流的非均匀运动,主要包含大孔隙流和漏斗流,并且说明流动过程受到不同物理机制的影响,所以以多种流动形态会同时存在。Allaire 等(2009)对量化研究优先流的各种技术进行了回顾,认为优先流是土壤中的孔隙、裂隙、土壤分层和疏水性共同作用的结果,并且通过定量的方法加深了对优先流的认识,指出优先流包含大孔隙流指流和侧向流等。后续对于优先流的研究集中于初始土壤含水量、地表植被类型等对优先流的影响,以及某一特定土壤类型的优先流,并且集中于大孔隙流的研究。徐宗恒等(2012b)利用染色剂示踪实验,证明了植被根系生长通道和生物生活通道是斜坡土体优先流的重要通道,且地表植被发育和动物活动与优先流的形成和发展有着密不可分的关系。高朝侠等(2014)在实验室通过观察不同初始土壤含水量下的优先流,得出初始土壤含水量对优先流的影响规律,实验中的优先流依然以大孔隙流为主。陈晓冰等(2015)提出优先流评价变异指标,可以直接通过染色示踪图像评价实验区域优先流的发育情况,并在田间实验中取得了较好的效果,为优先流研究提供了一种更方便的评价方式。各位学者对优先流的认识不尽相同,但是都有一个共同点,就是认为优先流一般产生于非饱和、非均质土壤中,是沿着优先流路径产生的一种有别于一维垂直流动的流动现象,且对于大孔隙流的研究较多。

优先流研究困难较大,随着科学技术的发展,学者将新型的技术融入优先流的研究中，更多现代化的研究手段如雨后春笋般出现，更加促进了对优先流的定性和定量研究。现阶段主要用于优先流研究的技术有：染色剂示踪技术、非侵入式影像获得技术、地下雷达探测、声波探测及电阻率层析成像法等。除上述方法外，还有很多新的方法在实践阶段，各种不成熟的研究方法各有利弊，所以单独使用某一种方法进行研究时，难以避免地会出现一些局限性。为了使研究更加严谨和准确，往往需要使用多种方法同时进行，相互验证，对比论证。

对土壤非饱和带中的优先流的研究已有三十多年的历史，各学者提出了十几种优先流的类别，而就研究现状来看，对优先流的研究主要集中在大孔隙流、指流和漏斗流三类。

1）大孔隙流

大孔隙流发生在非均质土壤的非饱和带中，是指水流通过土壤中的大孔隙绕开土壤向下快速渗透的一种优先流形式。一般土壤中的大孔隙结构主要包含土壤的孔隙、裂隙和植物根系生长路径和野生动物生存（如虫洞等）形成的孔隙。经过实际观察发现，在某一土壤类型中大孔隙的含量只占土壤总孔隙的很小一部分，其中能够有效传输水分的大孔隙大约为土壤总体积的 0.32%～5%（刘亚平和陈川，1996），但是大孔隙对水流的阻挡作用很弱，可以以较快的速度通过较大流量的水分，所以大孔隙优先流是土壤地下径流的重要贡献者。Vogel 等（2010）通过实验发现 24%的地下暴雨径流是通过优先流路径运动的；Van Schaik 等（2010）指出，大孔隙流是地下水径流的主要诱因之一，优先流在高强度降雨时对总流量的贡献可达 13%，而在低强度降雨时对总流量的贡献甚至可达 80%。土壤中孔隙的变化对大孔隙流的影响非常明显，所以一切可以影响土壤大孔隙的因素都会对大孔隙流产生影响，如植被类型、土壤质地等。Genuchten 和 Wierenga（1976）将土壤中的水分归为"移动"和"非移动"两种状态，根据状态将土壤分为两个区域，基于这个基础对非饱和土壤中的渗流进行计算。Beven（1982）假设土壤中大孔隙分布是均匀的，并且用活塞式流动来表示湿润锋的运动，进而构建模型来模拟大孔隙流的流动情况，其流量总量的预测效果很好，但瞬时过程的模拟仍然有较大的缺陷。盛丰等（2015）对不同大孔隙及不同溶质的液体进行实验室下渗研究，发现不论溶质类别，贯穿性大孔隙均比非贯穿性大孔隙的优先流迁移速度快，流速快；而不同溶质类别水流中，非贯穿性大孔隙流的产生和发育特征是不同的，且其输移能力受土壤含水量的影响。

2）指流

指流是发生在非饱和均质土壤中的一种渗流。在均质土壤中，当土壤的饱和导水率大于土壤表面的下渗率时，会导致水分下渗的湿润锋不稳定，水分呈柱状向下流动，而非以一个均匀的湿润锋下渗。指流就是这种不稳定的湿润锋所引起的一种优先流形式。

对于指流的广泛研究始于 Hill 和 Parlange（1972）进行的指流实验，自此之后，学者在田间和实验室开展了广泛的指流实验。在这些实验中，有相当一部分显示，指流产生于上层为较小粒径土壤、下层为较大粒径土壤的双层土壤结构的下层土壤中，这是由于上层土壤的饱和导水率小于下层土壤，由上层土壤进入下层土壤的水流受到上层土壤的控制，上下层土壤的差异使得在不同土壤交界面上产生不稳定的湿润锋。但随着越来越多关于指流实验的出现，学者发现只要满足土壤入渗率小于土壤饱和导水率的条件即可产生指流，不一定必须在两层土壤当中。Parlange 和 Hill（1976）假设了湿润锋的移动速度包含一个尖锋速度和一个平均速度，并由此得出湿润锋形成的指流的直径由土壤特性和边界供水条件两个因素决定，继而提出了指流直径的计算模型。Liu 等（1994）在一些研究成果中总结出了可以用于计算指流的具体方法。

3）漏斗流

漏斗流产生于非饱和且非均质土壤剖面中存在粗土的斜夹层（刘亚平和陈川，1996），当水流移动到斜夹层表面时，会沿着斜夹层流动，最终在斜夹层终点以一种像漏斗一样的形式向下流动，因此称为漏斗流。漏斗流一般流量较大，且根据指流的描述，水流会沿粗土斜夹层向下流动，同时部分水流渗入粗土斜夹层形成指流，所以漏斗流和指流有时会同时存在。对于漏斗流的研究较少，研究中常使用雷达对土壤分层情况及水分在土壤中的流动路径进行探测，来了解漏斗流的产生及发育过程。

对于优先流的研究不仅在研究方法上有了长足的进步，在数值模拟方面也取得了不小的成就。优先流不遵循达西定律所描述的水流形式，且优先流本身拥有很多种表达形式，在不同的土壤条件下优先流可以有很大的差异，所以研究模拟优先流的数学模型有很大的难度。现有的模拟优先流的数学模型主要有：平衡渗流模型、单孔隙模型、双重孔隙模型、双重渗透模型、多重孔隙模型、多重渗透模型等。

优先流的影响因素较多，具有随机性和复杂性，研究难度较大，想要得到一个能够模拟优先流的数学模型并应用于流域内的洪水预报需要经过很多试验和研究；并且由于不同地域土质不同而导致对应的优先流差异较大，现阶段对优先流的研究体系尚不完善，对优先流的理解还不够深入，在优先流的定量研究方面还有不少可以深入的空间。

3. 主要控制因子

过去的研究表明，壤中暴雨流受到一些因素的影响，如初始土壤含水量、土壤-基岩界面的地下水位、优先流路径、山坡特征、可排水孔隙度、降水阈值、土壤性质、土壤深度或基岩地形等（Chifflard et al.，2019）。其中最重要的影响因素有地形、降雨及地质等。

地形对壤中暴雨流的影响是多方面的。McDonnell（1990）提出了一种概念模型，当渗透的雨水向下运动时，水停留在土壤-基岩界面，并"备份"到基质中，在这里它与大量储存的旧基质土壤水混合，通过矿物-土壤-基岩界面上连通良好的管道系统，使得地下水位下降。Woods 和 Rowe（1996）及 Brammer 等（1995）的研究表明基岩表面的地形是地下水流在山坡上形成空间汇集的关键因素。Hutchinson 和 Moore（2000）在对不列颠哥伦比亚大学研究森林的一个山坡场地进行分析时发现，地下流线在低流量时由封闭的基岩地形控制，在高流量时由地表地形控制。Freer 等（2002）在佐治亚州帕诺拉山对流域的研究表明，代表有效水文阻水层的基岩面在控制坡面湿润、地下水位发展和侧向壤中暴雨流生成的空间动力学过程中具有重要作用。在坡度大、土层薄和土壤下渗量大于降雨量的区域，水流垂直移动到深层处，在土壤-基岩界面上或在相对不透水层面上形成暂态饱和区，然后往侧向较低处移动。降雨期间暂态饱和流主要在基岩上运移，因此，相较地表地形而言，基岩地形更直接地控制着水流的方向和存储。在帕诺拉山坡上的实验表明：对于雨强较小（<55 mm）或前期气候条件很干燥的暴雨，其壤中暴雨流的流量在很大程度上受土壤深度的约束，而对于中到大雨，基岩地形是主要控制因素。

地质也是影响壤中暴雨流的重要因素，如土壤性质和结构特征（大孔隙和管道）等（Weiler et al.，2006）。在许多环境中，壤中暴雨流主要由横向大孔隙流控制，如亚北极湿地（Woo and Dicenzo，1989）、北方森林（Roberge and Plamondon，1987）到热带雨林（Elsenbeer and Lack，1996）和半干旱土地（Newman et al.，1998）等。这些大孔隙通常被称为土管，这些天然土管中的集中地下流称为管流（Jones，1981，1971）。管流可完全位于泥炭层内部、泥炭-基底界面处，或完全位于基底内（Holden and Burt，2002）。陡峭森林山坡上的土壤管流通常位于土壤-基岩界面或附近（Terajima，2002；McDonnell，1990）。

降雨主要是通过影响水文系统的输入来影响壤中暴雨流。壤中暴雨流的流量与降雨的相应关系并非线性变化，而是阈值式非线性关系。降水阈值取决于山坡的前期土壤湿度，在达到阈值后，高于阈值的降水量与地下水流之间几乎存在1∶1的关系。也有研究表明，阈值响应至少有两种常见的控制方法：①侧向优先流路径的连通；②暂态饱和区域的产生和扩大。和降雨的时间分布相比，降雨的空间分布对侧向壤中暴雨流的影响较小（Hopp and McDonnell，2011）。

在许多高地环境中，壤中暴雨流是主要的产流机制。如何理解和量化控制壤中暴雨流生成的许多因素的相互作用，是壤中暴雨流机制研究中最大的问题之一，每个因素都提供了空间和/或时间变化的来源，这给水文模型的建立带来了挑战。

4. 非线性过程

自"国际水文发展十年计划"（International Hydrologic Decade，IHD）颁布以来，水文学家假设壤中暴雨流随降雨量的变化是线性的。直到2000年，才开始意识到壤中暴雨流的非线性过程十分重要（McDonnell，2003）。

Spaaks 等（2009）在帕诺拉山区流域应用三个模型对山坡水文系统相关的非线性特性进行探索。模型1是线性的水箱模型，假设瞬态饱和度（transient saturation）在山坡上均匀分布；模型2假设瞬态饱和度在山坡上分布不均匀，且饱和区的空间分布不随时间变化；模型3假设瞬态饱和度在时间和空间上都分布不均匀。

三个模型的网格单元俯视图如图1.2所示，该图显示了模型1、模型2和模型3的饱和区（阴影区）和非饱和区（白色）的水文阻碍层。图 1.2 中，B、C 和 D 中的虚线箭头表示通过非饱和区的传输。并且与 C 相比，D 中短箭头的相对丰度较高。

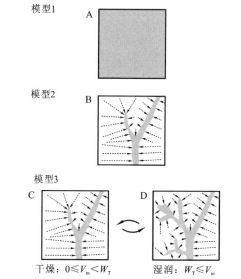

图 1.2　网格单元的俯视图（Spaaks et al.，2009）

V_m 为瞬时地下水通量；W_T 为流域蓄水量

使用这三个模型及其变形进行模拟实验，如下所示。

1）模拟实验 1：均质瞬态饱和度集总式模型

假设瞬态饱和发生在一个局部连续的层。因此，流量响应是即时的。由于山坡内隐含的连通性，过量水的输送相对不受阻碍，在洪水过程的早期，流量上升过快，而洪峰流量仅达到实测流量的 56%。

2）模拟实验 2：非均质瞬态饱和度集总式模型

和模型 1 相比，水文阻挡层出现的水在到达饱和区之前必须横向穿过非饱和区，然后才能到达饱和区。从整个洪水过程来看，模型 2 相对于模型 1 模拟效果有所改进，但是在洪峰流量附近仍与实测值相差较大。

3）模拟实验 3：时间和空间非均匀瞬态饱和度集总式模型

相较于模型 2，模型 3 引入了基于阈值的时间分布，将相对干燥条件下的相关参数与相对潮湿条件下的相关参数分开。假设在低流量下，山坡中存在过量的水，但它们彼此之间及与沟槽面之间的连接不足以产生大流量。但是，在超过某个阈值之后，这些连接就足够活跃，可以解释壤中暴雨流流量急剧上升的现象。通过模型 3 的模拟结果可知，整个洪水过程都拟合良好。

4）模拟实验 4：时间和空间非均匀瞬态饱和度分布式模型

将帕诺拉山区流域分成 8 个空间元素，使用模型 1、模型 3 进行模拟。在模型 1 的基本概念中，模型元素的流量与涌出的水量直接相关，当应用于元素的样线时，导致壤中暴雨流的模式与野外常见的模式结构相比不那么复杂，这种概念中的横向流动起着平滑作用。与此相反，由非线性储流关系控制的模型元素（如模型 3）可以产生横向流动。当这种概念应用于一系列元素时，元素之间的相互作用可能会产生与模型 1 一样简单的模式，但也可能会产生复杂的异构模式。

总的来说，模型 1 倾向于生成相对平稳、类似稳态的空间模式。使用模型 3，可以生成更复杂的模式，其中横向流的增加和减少可以同时发生在山坡的不同区域。与模型 1 相比，模型 3 生成的模式与壤中暴雨流机制更加一致，即壤中暴雨流的过程是非线性的。

5. 阈响应的主控因子

通过对以往研究成果再分析表明，非线性响应机制存在一个降水阈值，其控制着壤中暴雨流的形成。降水阈值的确定对更清晰、综合地描述过程复杂的突发山洪有一定帮助（Tromp-van et al.，2006a）。降水阈值响应可用于比较不同坡度山区的壤中暴雨流，也可以用于率定和验证模型（Tromp-van et al.，2006b）。

对山区的研究，由于地质环境复杂，一般通过长期观测记录及实验等方式来确定降水阈值。例如，Whipkey（1965）在美国俄亥俄州的一个实验场中进行实验，发现其降水阈值为 35 mm，当大于该降水阈值时，流量增加，且斜率小于 1.0。Mosley（1979）在新西兰的一个实验场中进行实验，发现当降雨量大于 20 mm 时，流量呈线性增加，且斜率接近 1.0；而当降雨量小于 20 mm 时，未检测到流量。Tani（1997）在日本冈山的一个沟渠站点测得当降水量小于 20 mm 时，流量几乎为零。在美国佐治亚州的一个山坡，Tromp-van 等（2006a）通过长序列实测记录，观测到 55 mm 的降雨阈值。也就是说，若要出现显著（>1 mm）壤中暴雨流，则会有一个明确的降水阈值。

降水阈值响应至少有两种常见情况：①侧向优先流路径的互相连通，形成快速通路；②暂态饱和区的产生和扩大。例如，Lehmann 等（2007）通过实验，验证了暴雨事件后，水流沿着优先流路径流动，当达到降水阈值后，侧向优先流路径连通，山坡底部的径流会急剧增加。Tani（1997）观察到在山坡中较小区域的暂态饱和区域连通后会有大的壤中流响应。兰旻等（2013）利用二维山坡产汇流数值模型（Tsinghua hillslope runoff model，THRM）对实验流域的山坡降雨产流阈值进行了模拟。此外，也有研究指出，降水阈值也可能取决于前期土壤含水量（Guebert and Gardner，2001）。

6. 实验进展

从技术层面来说，研究壤中暴雨流机制的实验方法有：染色示踪技术、非侵入式影像获得技术、地下雷达探测技术、声波探测技术、电阻率层析成像法（徐宗恒 等，2012a），其中染色示踪技术可以跟踪水流路径，地下雷达探测技术主要用来探测地层结构、基岩深度等。山坡水文响应研究历史悠久，关于壤中暴雨流的研究也由来已久，下面选取 12 个壤中暴雨流的典型实验来进行说明，从中可以看出对于壤中暴雨流的认识经历了很长一段时间的发展。

Hewlett 和 Hibbert（1963）针对倾斜混凝土墙斜坡研究了基流的形成，使用天然砂壤土在斜坡上堆积了一个倾斜土槽，在其底部测量流量，并记录土壤水分张力及土壤含水量，证实了陡峭山坡流域中的非饱和流很可能是构成基流的主要部分。Whipkey（1965）探讨了水分在交界面的横向流动现象。他在阿勒格尼高原的典型斜坡进行了壤中暴雨流观测实验。斜坡位于砂壤土上，坡度为 28°，表面覆盖着一层混合硬木落叶。Whipkey 使用了如图 1.3 所示的一个渗流收集系统来对壤中暴雨流进行观测。在 1963 年 8 月、9 月和 10 月对渗流收集系统两侧进行人工降雨，结果表明最大流量发生在砂壤土和粉壤土之间的过渡点，最小且非常稳定的流量出现在粉壤土和黏壤土层。砂壤土层的上层（0～56 cm）发生了不稳定的流动，出现了严重的渗透。水头数据表明，存在一个更靠近下坡面土壤表面的最厚的"饱和带"，随着流量达到峰值然后下降，斜坡下部"饱和带"的深度几乎保持不变。然而，斜坡上的"饱和带"深度随着时间而减小，直到到达下坡面。

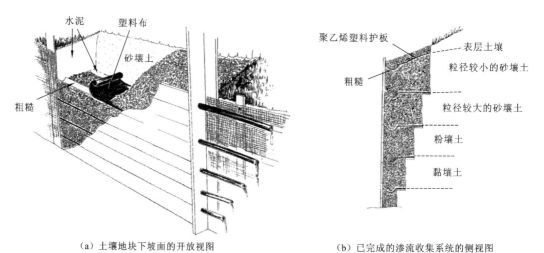

（a）土壤地块下坡面的开放视图　　　　　　（b）已完成的渗流收集系统的侧视图

图 1.3　渗流收集系统（Whipkey，1965）

（a）显示台阶系统和涂有水泥的侧壁，以防止水流失或外来水流入，将聚乙烯塑料护板黏结到台阶和墙壁上，并放置在槽中，以将渗流从敞开的土壤表面带入相应的槽中，并在槽系统的任一侧剥离，由砾石和金属丝网保护，以允许水从渗流收集系统的任一侧自由流出；（b）显示了每个土壤深度的土壤类型

Pilgrim 等（1978）、Mosley（1979）、Hammermeister 等（1982）、Scanlon 等（2000）、Freer 等（2002）等研究了壤中暴雨流形成的部位、路径及方式。Pilgrim 等（1978）在加利福尼亚州斯坦福附近的一个大型野外试验场上，采用放射性同位素示踪剂，进行流速、电导率和悬浮沉积物测量，提供了地表径流和壤中暴雨流的详细信息，其径流过程的不均匀性支持了可变源区（variable source area，VSA）的概念，表明了壤中暴雨流发生在底土地平线以上的饱和层中。Mosley（1979）在塔瓦州森林探索了森林流域径流形成的过程。塔瓦州森林植被密布，在不透水的砾石上有陡峭的斜坡和浅层土壤，具备壤中暴雨流形成的条件。对流经土壤表层的径流和地下水流、地面径流进行观测，除沿着河道的有限区域外，在暴雨期没有观察到地面径流，因此认为壤中暴雨流占比很大。此外还进行了 8 个染色实验，渗入地表的大部分液体在腐殖质层底部的斜坡上重新出现，研究表明，地下水流通过大孔隙和沿土壤剖面的不连续面能够形成暴雨径流。Hammermeister 等（1982）在威拉麦特谷对 8 个站点使用压力计、张力计和真空地下水取样器等仪器，将站点测坑分为 A、B、C 层（从上到下），进行了地下径流的观测，主要观测了地下水位的变化过程。通过对观测结果的分析，得到了以下结论：①由于存在不可渗透的下部 B 层和 C 层，以及来自山坡上坡区域的地下水流的作用，斜坡下凹区域的上层滞水水位持续时间更长；②存储的地下水位不是在山坡的上层形成的，其土壤和上层岩石地幔都是高度可渗透的。Scanlon 等（2000）在南福克镇 Brokenback Run 流域内部溪流的横断面安装了 18 个压力计，通过监测压力计的正压或者饱和状态来观测非饱和垂直补给，从而观测壤中暴雨流现象。压力计显示在降水事件期间，浅层土壤形成了上层水位，导致饱和的垂直水流通过渗透性更强的上层土壤层。Freer 等（2002）在帕诺拉流域开挖了一条长 20 m、宽 1.5 m 的人工沟渠来观测地下水流，发现该山坡上的崩积层和谷底的冲积层高度风化，并进行了基岩地形的测量，观测了 1996 年的三次典型暴雨（2 月 4 日、3 月 6 日和 3 月 27 日），通过观测数据将沟的径流响应时间分为三类：一类是正常的响应时间；二类是更快的响应时间，代表更快的流动过程；三类是更慢的响应时间，代表以壤中流为主的流动过程。在每次暴雨期间，基质流都发生在山坡上，而大孔隙流则发生在两次较大的暴雨期间，更深的海沟部分控制了总的壤中暴雨流流量和峰值流量响应。研究表明，基岩地形决定了沟槽的降雨径流响应。

Tsukamoto 和 Ohta（1988）探讨了一个新的地下径流模型，他们结合 9 种基本坡度类型，定义了 3 种坡度单元，基于东京西部一个坡地的现场测量，利用收集到的数据和观测结果，提出了一个新的地下径流过程（图 1.4）。如在盆地中所观察到的，腐烂树根等形成的管道更多地分布在洪积坡上部的土壤中，而不是下部，并且经常对回流有贡献。常年溪流周围的斜坡下部主要是饱和的地面水流。Woods 和 Rowe（1996）探讨了地下径流的空间变异性。他们在新西兰的一个山坡的底部建造了 30 个槽来研究其空间变异性，得出不能简单地用槽的长度乘以估计的水流长度来计算整个流域的地下水流的结论，从而提出了一种新的参数形式来预测地下水流模式。McDonnell（1990）、Kienzler 和 Naef（2008）研究了径流成分的组成。McDonnell（1990）在 Maimai 流域进行了大孔隙的快速优先流和同位素"老"水置换的同步观测，使用同位素（氘）和化学性质元素（氯、电导率）分离暴雨径流中的事件和事件前水成分。研究表明优先流可能会造成"老"水置换的现象，但并不适用于所有情况。Kienzler 和 Naef（2008）对瑞士高原 4 个不同山坡的包气带进行了喷洒实验和自然降雨观测实验，使用示踪剂来观测壤中暴雨流机制。实验表明，快速响应的近地表壤中暴雨流可以向河流输送大量的事件前水。

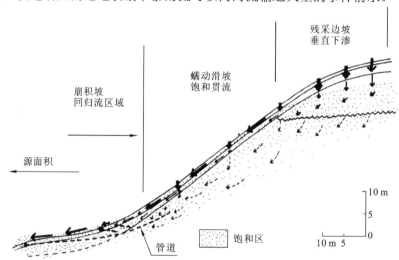

图 1.4　大暴雨将结束时新建的地下径流模型（Tsukamoto and Ohta，1988）

箭头显示了流速的大小和方面，虚线为测量仪器布设范围外的假定流量大小和方向

　　而 Dunne 和 Black（1970）的研究结果却相反，他们在一个低降雨强度和存在渗透性土壤的地区，对三个山坡的壤中暴雨流进行研究，尽管客观上存在壤中暴雨流形成的条件，但壤中暴雨流机制产生的径流太小、太晚，无显著现象。

　　综合上述实验，可以认为：①在多个流域观测到了壤中暴雨流现象；②观测壤中暴雨流现象实验多使用张力计、同位素等技术手段；③认识壤中暴雨流机制需要对土壤类型进行了解。

7. 模型进展

　　尽管壤中暴雨流是山区流域产流的最重要控制因素，但是其机理复杂，数据难得，集成该产流机制的水文模型十分困难而且稀少（Robinson and Sivapalan，1996）。

　　不同学者通过假设总结和实验证实等方式，对壤中暴雨流的形成过程进行研究。McDonnell 等（2003）对流域水文学之前提出的相关假设进行总结，包括对比分析、分类、最优化原则和网络理论等，从而更好地阐明重要的流域功能特征，并且重点描述了可变源区的产流模式。Kienzler 和 Naef（2008）针对"老水悖论"问题，在控制喷洒试验和自然降雨过程中研究了 4 个不同山坡包气带土壤中的壤中暴雨流形成。

　　基于壤中暴雨流机制的形成研究，学者通过改进传统水文模型，在研究区进行模拟并验证改进后的模型效果。Scanlon 等（2000）基于 TOPMODEL（topography-based hydrological model），利用消退曲线，将地下径流分为壤中暴雨流和均匀基质流两部分，进而模拟径流的形成，改进后的 TOPMODEL 将广义地形指数理论应用于壤中暴雨流地区，表明了其下渗率随深度线性下降。在此基础上，Shaman 等（2002）基于壤中暴雨流产流机制，提出了改进土柱剖面（modified soil column profile，MSCP）模式，改进了 TOPMODEL，MSCP 与 TOPMODEL 的结合提高了模拟的时空精度，同时为水文活动提供了更为完整的描述。

此外，国内外学者还结合研究区域的实际情况，基于壤中暴雨流机制，尝试将不同水文和水动力概念、方法等纳入模型进行改进，并获得了较好的模拟结果。Weiler 等（2006）回顾了壤中暴雨流过程的研究历史，将土壤深度变化纳入地下流动模型并对帕诺拉山坡的壤中暴雨流进行了模拟。Beven 和 Germann（2013）将 Darcy-Richards 概念纳入双连续和双渗透流模型，将对壤中暴雨流的研究从田间尺度扩展到小流域尺度。在这些理论的基础上，Zhang 等（2017）基于 Dupuit-Forchheimer 模型、扩散波方程提出了完全从属流（fully subordinated flow，FSF）模型来模拟壤中暴雨流，结果表明，FSF 模型的时间从属分量捕捉到了由于不同程度的土壤非均质性（特别是对于低电导率区域）引起的大范围的延迟流动响应，而模型的流动从属项解释了沿优先流路径的快速流动响应。

第 2 章

山洪形成机理

2.1 官山河流域概况

本章以官山河流域为例，进行机理分析和模型模拟等。官山河流域处于湖北省十堰市丹江口市西南部，地处东经 110°42′30″~111°00′22″，北纬 32°16′19″~32°32′15″。官山河属汉江中上游干流的右岸支流，发源地是湖北省十堰市房县，汇入丹江口水库（图2.1、图2.2）。

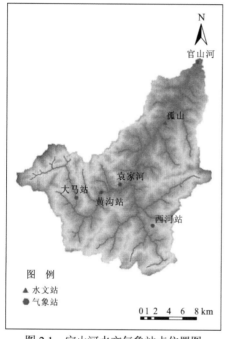

图 2.1　官山河水文气象站点位置图

图 2.2　官山河流域地理位置图

官山河流域内有林地、草地、水田、旱田、道路、居民地等多种土地利用类型，但是主要土地利用类型为林地和草地，流域内有82%的地区植被覆盖度高于75%，15%的地区植被覆盖度为60%~75%，平均植被覆盖度为71.2%（韩培 等，2020）。

官山河干流河长 66.5 km，河道平均坡降为 5.7‰，流域面积为 465 km²，多年平均流量为 7.78 m³/s。地形以丘陵、中小型起伏山地为主，中部地势较低，边缘地势较高，海拔为 153~1 634 m，平均高程为 690 m（黄艳 等，2019）。

官山河流域主要河流为官山河、吕家河、袁家河和西河，河床组成为砂砾石，其中最长的河流长度为14.2 km，河流总长为268.5 km，河道弯曲系数约为2.1（吴巍 等，2016），河网密度约为 0.84 km/km²。

官山河流域地处丹江口市，其气候特征与丹江口市基本一致，为北半球亚热带季风气候。雨热同期，在夏季温度较高时降雨集中，冬季降水较少，温度也较低；春秋季节气候温和。故其气候具有降水充沛、热量丰富、四季分明的特点。

官山河流域年日照数为 1950 h，日照率为 44%。平均气温为 15.6～16.0℃，最低气温为-12.4℃，最高气温为 41.5℃，全市无霜期在 219～277 d。官山河流域全年降雨均比较充足，多年平均降雨量为 1100 mm，降雨量随海拔的升高而增加，600 m 以下海拔每升高 100 m，对应的降雨量增加 25 mm。年际间降雨差别比较大，夏季降雨量为年降雨量的 30%～49%；而冬季降雨量仅占年降雨量的 4%～6%；春、秋季降雨量比较接近，各占年降雨量的 26%和 30%；一年中 7～9 月降雨量最多，占年降雨量的 46.60%。

官山河流域位于鄂豫暴雨区，该地局地性暴雨频发，属于连阴雨高发地区，1935 年 7 月和 1975 年 8 月曾暴发"35·7"暴雨和"75·8"暴雨，是山洪灾害、泥石流灾害和滑坡灾害多发的地区。近年来发生的致灾较严重的山洪有 2005 年的"8·14"特大山洪灾害、2007 年的"8·10"特大山洪灾害及 2012 年的"8·5"超百年一遇特大山洪灾害。

2005 年"8·14"特大山洪灾害中，8 月 14 日 20 时～15 日 02 时，6 h 内官山镇降雨高达 148 mm，同一时期内相邻的青峰镇降雨达 185.78 mm，大木厂镇降雨达 275.4 mm。这场强降水造成了百年一遇的山洪暴发，从而引发了山体滑坡、路面塌陷等灾害。据统计，整个十堰市受灾人数高达 105 万，2.2 万余间房屋倒塌，另有农田被淹达万顷以上，境内道路一度全部中断。灾害造成巨大的经济损失和人员伤亡，给官山镇带来不可承受的灾难。

2007 年"8·10"特大山洪灾害中，8 月 10 日 14～18 时，官山镇突降暴雨，官山镇政府所在地点为五龙庄村，其降雨量在 4 h 内达 63.6 mm，镇内吕家河、西河、田畈、铁炉 4 个村子在 4 h 内局部降雨量高达 180 mm。洪水流经官山镇内的官山水库时，入库流量为 65 m³/s，官山水库的库容量为 2280 万 m³，坝上水位 213.85 m。8 月 10 日 22 时 25 分官山水库开始溢洪，溢洪水位为 0.55 m。这场暴雨造成了特大山洪灾害，洪水所达地方房屋、农田遭到淹没，河堤被冲毁，多地发生了大规模的滑坡灾害和泥石流灾害，导致道路被损坏十分严重。在农田受灾情况统计中，受灾农作物面积达 1240 亩①，其中，冲毁了红薯 350 亩，芝麻、黄豆类受损面积达到 300 亩，玉米类受损面积达到 550 亩，水稻受损面积达到 40 亩。绝收面积达到 390 亩。在道路损坏情况统计中，本次洪水冲毁公路达 3 km；另有 17 km 公路遭到严重损坏，其中大型塌方达到 1.2 km，悬空水泥路面达到 135 m，冲毁修路水泥共计 1.5 t。在房屋受灾情况统计中，山洪引发的泥石流灾害及山体滑坡灾害造成了房屋受损，共计 13 户 54 人 50 间。在桥梁、河堤受灾情况统计中，本次洪水冲毁桥梁 2 座，包括南神道天书谷漫水桥和官亭学校桥，冲毁河堤 2 处共计 120 m。此次特大山洪灾害造成 140 余万元的直接经济损失。

2012 年"8·5"特大山洪灾害造成了极大的危害，其程度与 1975 年的"75·8"暴雨引发的特大山洪基本相当，部分区域甚至超过了"75·8"暴雨引发的特大山洪造成的灾情，是官山河流域乃至整个丹江口市近年来遭遇的最严重的山洪灾害。

2012 年 8 月 4～5 日，官山镇在 28 h 内普降暴雨，孤山水文站测得 28 h 内降雨达 287 mm，导致官山镇全镇洪水滔天。从 2012 年 8 月 5 日 12 时 58 分开始，官山镇境内

---

① 1 亩≈666.66 m²

13 个村庄的供电、交通、通信及供水均全部中断，镇内民房、农田等毁坏程度严重，农田水利设施几乎全部损毁，十房高速公路建设项目部和工区被冲毁，灾害波及官山镇境内的 13 个村庄，造成了严重的人员伤亡和高达两万余元的直接经济损失（图 2.3）。

图 2.3　2012 年 "8·5" 特大洪水灾害实况照片

2.2　山区洪水的降雨-径流关系与产流机制

2.2.1　降雨-径流相关关系概述

进行山区降雨-径流关系分析，有助于对山区产流模式进行初步判断。目前，分析山区降雨-径流相关关系的方法主要有下渗曲线法、蓄水容量曲线法和降雨-径流相关图三种。

1）下渗曲线法

张文华（1990，1982）提出了一种以霍顿曲线为基础的流域产流计算方法，由非饱和带地下水运动基本方程推导得到，考虑下渗能力、降雨强度和土壤含水量对流域产流的影响，从而利用下渗曲线计算流域产流量。

下渗曲线法假设下渗容量只与土壤含水量有关，与土壤含水量的垂线分布无关，即土壤含水量的垂线分布近似均匀，则任意时刻的下渗容量可由该处土壤的下渗曲线得知。而用一条下渗曲线只能计算小流域的超渗地表径流量，即要求流域内土质、包气带厚度和降雨强度在空间上均匀分布。当流域面积较大时，可将流域划分为若干个小单元处理（芮孝芳，2004）。

2）蓄水容量曲线法

蓄水容量曲线反映了流域包气带最大缺水量空间分布的不均匀性，直接影响流域产流（闫宝伟 等，2020）。根据流域蓄水容量曲线可以推导出蓄满产流模式下流域总径流量的降雨-径流关系曲线。当局部产流时，降雨-径流关系呈下凹曲线；当全流域产流时，降雨-径流关系呈 45° 直线（芮孝芳，2004）。

3）降雨-径流相关图

以影响因素为参变量的降雨量与径流量之间的经验相关关系绘制的图，称为降雨-径流相关图。美国学者 Linsley 和 Kohler（1951）考虑前期影响雨量、降雨历时和季节影响，制作了第一张降雨-径流相关图。

根据学者的大量分析，他们认为对于中国湿润山区小流域，一次洪水的径流深（R）主要与以下两点密切相关：降雨量（P）、前期影响雨量（P_a）（Ali et al.，2010）。于是，可以根据各次径流深、降雨量及前期影响雨量，按照蓄满产流的机制，定量分析降雨量与径流深之间的关系。将这种关系使用一个三变数相关图来表示，这就是我国湿润山区常用的降雨径流三变数相关图，即 P-P_a-R 关系曲线（李亚娇 等，2003）。

在绘制降雨-径流相关图之前，应解决前期影响雨量 P_a 的求解。对于 P_a 的求解，一般使用经验公式法：

$$P_{a,t} = kP_{t-1} + k^2 P_{t-2} + \cdots + k^n P_{t-n} \tag{2.1}$$

式中：$P_{a,t}$ 为 t 日上午 8 时的前期影响雨量；n 为影响本次径流的前期降雨天数；k 为折算系数（包为民，2009）。

为了简化计算，式（2.1）按照如下递推形式计算：

$$P_{a,t+1} = kP_t + k^2 P_{t-1} + \cdots + k^{n+1} P_{t-n+1} = kP_t + kP_{a,t} = k(P_t + P_{a,t}) \tag{2.2}$$

由于各个月份的蒸发能力不同，折算系数 k 也有所不同，于是有

$$k = 1 - \overline{E_P} / I_M \tag{2.3}$$

式中：$\overline{E_P}$ 为月均蒸发能力，mm；I_M 为最大初损值，mm，在蓄满产流中，该值为流域蓄水容量。

下渗曲线法主要适用于以超渗产流为主的干旱地区，蓄水容量曲线法主要适用于以蓄满产流为主的湿润地区，而降雨-径流相关图在两种地区都适用（芮孝芳，2004）。

2.2.2　官山河流域降雨-径流相关关系

由于山区复杂的地形和气象条件，其降雨往往是局地雨，降雨的空间变异性极强，数量有限的雨量站往往难以捕捉到降雨的整体情况，给山洪预报和山洪预警带来了极大的困难。对官山河流域降雨和径流对应测量数据的简单统计结果见表 2.1。

表 2.1　官山河流域降雨和径流的统计关系

准确性	1975～1978 年	1979～1982 年	1983～1986 年	合计	占比/%
可能报准	36	33	14	83	36.4
必然误报	26	30	35	91	39.9
必然漏报	7	5	42	54	23.7
合计	69	68	91	228	100.0

在表 2.1 中,可能报准表示水文站测到洪水的径流过程且雨量站测到降雨过程;必然误报表示水文站未测到洪水的径流过程但雨量站已测到降雨过程;必然漏报表示水文站已测到洪水的径流过程但雨量站未测到降雨过程。

从表 2.1 可得,官山河洪水预报困难,其最大可能报准率仅为 36.4%。对于如官山河流域一样的湿润山区小流域,常采用降雨–径流三变数相关图来分析其降雨–径流相关关系。

构建新安江三水源模型,使用官山河流域的水文气象数据进行参数率定,计算得出官山河流域的蓄水容量为 115 mm。

根据官山河流域的月均蒸发量统计结果,计算各月的 k 值,结果见表 2.2。

表 2.2 各月折算系数 k 值计算结果

参数	1月	2月	3月	4月	5月	6月	7月	8月	9月	10月	11月	12月
k	0.99	0.99	0.98	0.97	0.97	0.96	0.96	0.96	0.98	0.98	0.99	0.99

计算每场洪水的降雨量及径流深,分别点绘在坐标纸上,然后根据其计算的前期影响雨量,将不同等值线按照等雨量的点位置进行拟合,最终得到官山河流域的降雨–径流相关图,如图 2.4 所示。从左到右各线表示的前期影响雨量分别是 0 mm、40 mm、60 mm、80 mm、100 mm、115 mm。

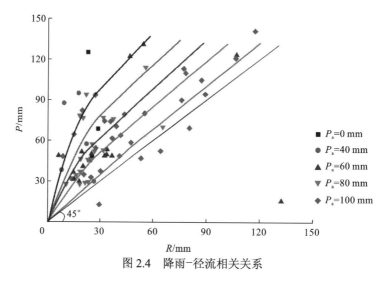

图 2.4 降雨–径流相关关系

由图 2.4 可知,整体上看,官山河流域降雨–径流相关关系较差。具体分析产生该现象的原因有以下两个。

1)流域产流机制不符合蓄满产流机制

从图 2.4 上看,对于同一个 P_a,各场次洪水的点离 P_a 等值线较远。例如,当 P_a 为 80 mm 时,部分点离该拟合曲线较远,甚至多个点已经接近 P_a 为 0 mm 的等值线。这种情况说明流域降水量很大时,产生的径流深却很小。

对前期影响雨量不同而降雨量相同的点进行研究，结果发现：当前期影响雨量较小而降雨量相同时，部分场次洪水的径流深反而较大。例如，对 P_a 为 60 mm 及 80 mm、降雨量为 50 mm 的场次洪水进行研究，发现部分场次洪水 P_a 为 60 mm 时的径流深反而比 P_a 为 80 mm 时还大。

以上结果表明，该流域的产流机制极为复杂，可能不完全是常规的蓄满产流机制。按照 Mirus 和 Loague（2013）的研究结论，湿润山区小流域的产流机制可能是壤中暴雨流机制。

2）降雨数据不够精确

由图 2.4 可知，部分场次洪水出现在 45° 线以下。该结果表明这些场次洪水统计出的降雨量小于径流深。但是，实际上这种情况是不存在的，说明降雨量计算值比实际值偏小，表明雨量站的降雨数据不够精确，可能是由于山区小流域的降雨具有很强的空间异质性，有限的雨量站测到的降雨可能无法反映真实的降雨分布。在模型模拟时，应选择性舍弃。

2.2.3　官山河流域降雨-径流特征

详细分析 1973～1987 年和 2009～2015 年间的每一场洪水及降雨过程，定量分析各场次洪水的降雨量及径流量，局部出现如下异常特征。

1）降雨量大而径流量小

对于部分洪水，会出现降雨量大而径流量小的情况。挑选若干场典型洪水，如图 2.5 所示，"19750902" 号洪水，洪水过程如图 2.5（a）所示，其降雨量为 78.8 mm，而其最大径流量为 15 m³/s。进一步分析，该场洪水的前期影响雨量为 66.54 mm，径流深为 7.06 mm。同样的，"19760719" 号洪水，洪水过程如图 2.5（b）所示，降雨量为 39.4 mm，而最大径流量为 13.4 m³/s；"19840830" 号洪水，洪水过程如图 2.5（c）所示，该场洪水的最大降雨量为 73.5 mm，前期影响雨量为 77.30 mm，但是最大径流量仅为 3.31 m³/s。该场洪水的径流深为 4.30 mm，几乎无洪水过程，严重偏小；与此类似的还有"20100705"号洪水、"20150805"号洪水等，其洪水过程如图 2.5（d）、（e）所示。

2）降雨量小而径流量大

对于部分洪水，会出现降雨量小而径流量大的情况。挑选若干场典型洪水，如图 2.6 所示，"19790923" 号洪水，洪水过程如图 2.6（a）所示，其最大降雨量仅为 22.3 mm，而其最大径流量为 63.1 m³/s。同样的，"19820824" 号洪水，洪水过程如图 2.6（b）所示，最大降雨量为 75.7 mm，而最大径流量为 196 m³/s，仔细分析，该场洪水的累积降雨量为 120 mm，前期影响雨量为 73.00 mm，径流深为 103 mm，径流深结果偏大。

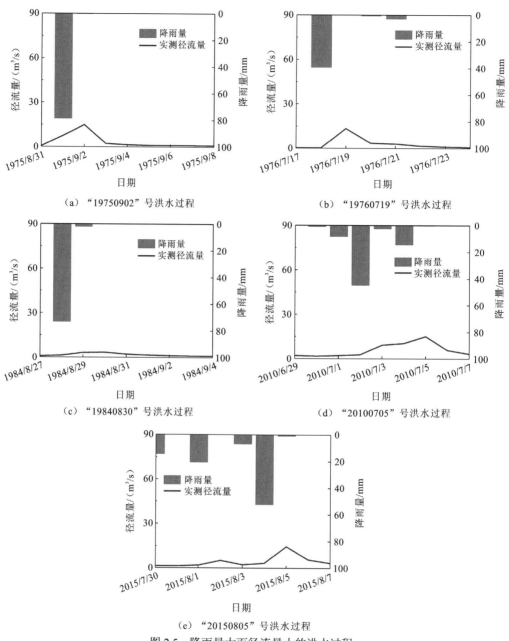

（a）"19750902"号洪水过程　　　　　　　（b）"19760719"号洪水过程

（c）"19840830"号洪水过程　　　　　　　（d）"20100705"号洪水过程

（e）"20150805"号洪水过程

图 2.5　降雨量大而径流量小的洪水过程

再比如"20100825"号洪水，洪水过程如图 2.6（c）所示，该场洪水的最大降雨量为 34 mm，但是最大径流量为 78.2 m³/s。与此类似的还有"20150809"号洪水，其洪水过程如图 2.6（d）所示。

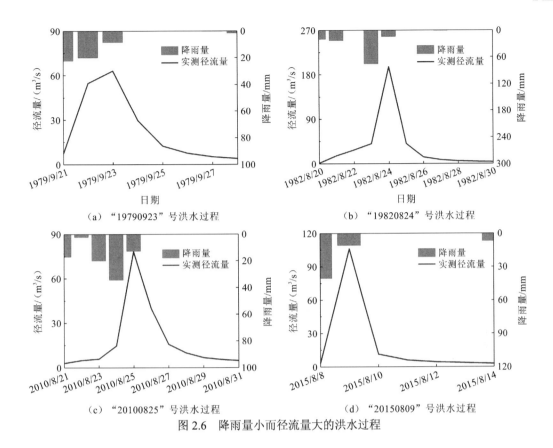

图 2.6　降雨量小而径流量大的洪水过程

3）尽管持续降雨，但是出口断面并无流量

通过对全年的降雨径流过程分析发现，对于部分年份的 5～8 月，尽管持续降雨，但是出口断面并未监测到洪水过程。如图 2.7（a）所示，从 1981 年 6 月初开始，到该年的 9 月末，该流域持续降雨，但是出口断面几乎没有观测到洪水过程，而且在降水过程中包括了该年最大的一次降水，降雨量有 31.2 mm。但是，仅在两天后观测到了 1.96 m³/s 的径流量。再比如 1985 年，从 5 月开始持续降雨，同时 6 月下旬发生两次较大的降雨事件，但是出口断面并未观测到洪水发生[图 2.7（b）]。与此相似的还有 2014 年，从该年的 5 月上旬到 8 月下旬，流域不断发生降雨事件，但是出口断面并无较大流量过程[图 2.7（c）]。

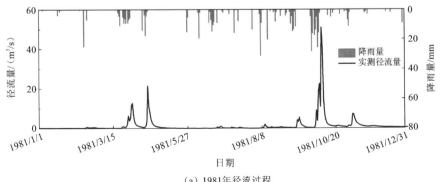

（a）1981 年径流过程

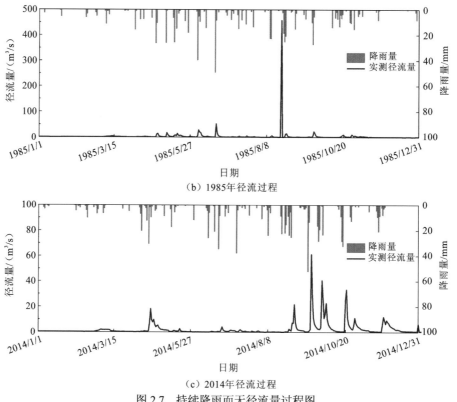

（b）1985年径流过程

（c）2014年径流过程

图 2.7　持续降雨而无径流量过程图

2.2.4　官山河流域产流机制

官山河流域洪水的可预报性与上述异常的降雨-径流关系有关,出现上述异常现象可能有以下几个原因。

1）流域的产流机制为非蓄满产流机制

降雨-径流相关图是以蓄满产流为基础的，当流域的产流机制不符合蓄满产流机制时，相关图的效果便较差。而根据 Mirus 和 Loague（2013）的实验结论，湿润山区小流域的产流机制可能是壤中暴雨流机制，这部分内容将在 2.3.5 小节和 2.3.6 小节中进一步分析。

根据前文对壤中暴雨流机制的描述,壤中暴雨流主要发生在相对不透水层或者土壤-基岩界面上，是壤中流的一种，是径流的主要来源。于是，壤中暴雨流的大小决定了径流量的大小。而根据贮泄方程，饱和地下水厚度越大，壤中暴雨流的流速越大。这样，当前期较长时间未发生降雨事件时，饱和地下水厚度较浅，即使降雨量较大，出口断面的流速依然较小；如果前期比较湿润，饱和地下水层厚度较深，即使降雨量很小，产生的径流量依然很大。而基岩因形状原因，本身对水流有蓄积作用，因此会有流域有降雨事件发生却基本没有洪水发生的情况。

如图 2.7 所示，官山河流域一般从当年 1 月开始到 3 月为止，期间降雨极少，经常持续多日不发生降雨。此时，饱和含水层厚度较浅。因此在 5 月、6 月时，尽管有较大降雨产生，但是并不会产生较大的流量。反而在 8 月左右，尽管降雨量很小，但是饱和含水层厚度较深，有可能发生大洪水。

2）流域降雨的空间变异性强，难以测量

从 DEM 数据来看，官山河流域的高程为 235～1 634 m，高程的极差有 1 399 m，集水面积为 322 km²，地形变化较大。同时，可以看出，官山河流域地形起伏明显，山势陡峭。在这种条件下，局地气候明显。而研究中使用的降雨量资料是由 4 个雨量站点雨量数据插值得到，并不能很好地反映流域的实际降雨情况。

如图 2.8（a）所示，1975 年 8 月 9 日发生一场大洪水，最大降雨量为 132.4 mm，洪峰流量高达 656.00 m³/s。深入分析发现，对于该场洪水，前期影响雨量为 64.61 mm，累积降雨量为 252.70 mm，但是径流深高达 299.06 mm。说明通过 4 个雨量站点雨量数据插值的降雨量不能反映流域的实际降雨量。类似该情况，还有"19840908"号洪水，洪水过程如图 2.8（b）所示。该场洪水前期影响雨量为 101.20 mm，累积降雨量为 58.00 mm，但是径流深高达 203.70 mm。

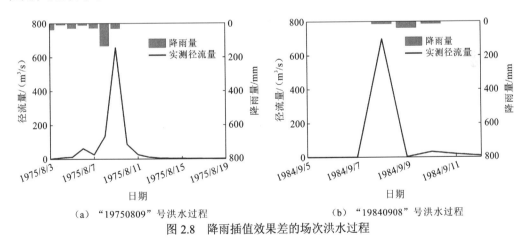

（a）"19750809"号洪水过程　　　　（b）"19840908"号洪水过程

图 2.8　降雨插值效果差的场次洪水过程

从上面的难点描述来看，对于官山河流域的洪水预报研究工作，主要有两方面：一方面是研究适合该流域的产流机制；另一方面是流域降雨的空间变异性较大，因此应研究能全面反映降雨分布的方法。

2.3 径流形成的主要影响因素及测定

2.3.1 遥感反演地表温度

本节采用大气校正法，使用 Landsat 8 热红外传感器（Landsat 8 thermal infrared sensor，Landsat 8 TIRS）反演地表温度。其基本原理（吴志刚 等，2016）是：首先估计大气对地表热辐射的影响，然后把这部分大气影响从卫星传感器所观测到的热辐射总量中减去，从而得到地表热辐射强度，再把这一热辐射强度转化为相应的地表温度。其中，卫星传感器接收到的热红外辐射亮度值 L_λ 由三部分组成：①大气向上辐射亮度 $L_\uparrow$；②地面的真实辐射亮度经过大气层之后到达卫星传感器的能量；③大气向下辐射到达地面后反射的能量。卫星传感器接收到的热红外辐射亮度值 L_λ 的表达式（辐射传输方程）可写为

$$L_\lambda = [\varepsilon B(T_s) + (1-\varepsilon)L_\downarrow]\tau + L_\uparrow \tag{2.4}$$

式中：ε 为地表比辐射率；$L_\downarrow$ 为大气下行辐射亮度；T_s 为地表真实温度，K；$B(T_s)$ 为黑体热辐射亮度；τ 为大气在热红外波段的透过率（吴志刚 等，2016）。

则温度为 T 的黑体在热红外波段的热辐射亮度 $B(T_s)$ 为（吴志刚 等，2016）

$$B(T_s) = [L_\lambda - L_\uparrow - \tau(1-\varepsilon)L_\downarrow] / \tau\varepsilon \tag{2.5}$$

T_s 可以用普朗克公式的函数获取（吴志刚 等，2016）：

$$T_s = K_2 / \ln[K_1 / B(T_s) + 1] \tag{2.6}$$

式中：K_1、K_2 为常数。

对于带有专题制图仪（thematic mapper，TM）的卫星影像，$K_1 = 607.76$ W/(m^2·μm·sr)，$K_2 = 1\,260.56$ K。

对于带有增强型专题制图仪（enhanced thematic mapper plus，ETM+）的卫星影像，$K_1 = 666.09$ W/(m^2·μm·sr)，$K_2 = 1\,272.71$ K。

对于热红外传感器（thermal infrared sensor，TIRS）波段 10 影像，$K_1 = 774.89$ W/(m^2·μm·sr)，$K_2 = 1\,321.08$ K。

由上述公式可知，此算法需要两个参数：大气剖面参数和地表比辐射率。大气剖面参数在美国国家航空航天局提供的网站（http://atmcorr.gsfc.nasa.gov/）中输入成影时间及中心经纬度可以获取。

通过上述方法，用遥感反演出官山河流域 3 月 21 日的地表温度，如图 2.9 所示。

图 例
温度/℃
3.12
-0.07

0　2 300　4 600　　9 200 m

图 2.9　官山河流域 3 月 21 日遥感反演地表温度

2.3.2　土壤含水量

1. 遥感反演土壤含水量

任何温度高于绝对零度的物体，一定存在分子热运动，并向空间辐射能量，其辐射能量在红外波段的就是热辐射。显然，物体温度越高，辐射能量就越大，因而热红外探测仪测得的辐射能量主要由地物温度和辐射所决定。水是一种单介质物体，热特性接近极点，所以它对土壤热辐射的影响极大。根据热红外探测仪测定，不管何种土壤，其辐射能量都随含水量的增加而下降，因此通过观测地表温度变化，就可估算表层土壤含水量。国内外许多学者通过野外试验，都发现土壤含水量 S 与地表温度 T_s 有着很好的对应关系（陆家驹和张和平，1997）：

$$T_s = a + bS \tag{2.7}$$

式中：a、b 为常数。

因此通过上面的温度反演结果，结合实地监测的土壤含水量的值，进行回归拟合，即可反演这个流域的土壤含水量（图 2.10）。

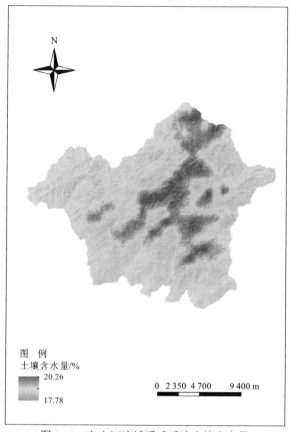

图 2.10 官山河流域遥感反演土壤含水量

2. 烘干法测定土壤含水量

2019 年 11 月 22 日在实验坑内选取三个土层，每层取两个土样（图 2.11），采用烘干法得到的土壤含水量见表 2.3，并进行田间含水量测验，结果见表 2.4。

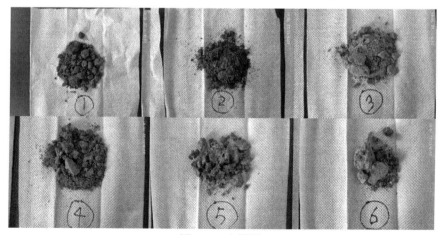

图 2.11 土样图

表 2.3　官山河流域土壤样品含水量测验结果（2019/11/22）

组别	烧杯质量/g	烘干前质量（11:00）/g	烘干后质量/g		质量含水量/%
			I（17:30）	II（18:30）	
1	58.70	131.58	113.32	113.27	33.6
2	54.87	104.75	89.49	89.45	44.2
3	54.39	149.68	145.83	145.82	4.2
4	37.40	113.29	104.18	104.14	13.7
5	26.78	108.10	97.12	97.10	15.6
6	34.35	113.50	105.71	105.70	10.9
平均含水量：20.4%					

注：质量含水量＝（湿重-干粒重）/干粒重×100%

表 2.4　官山河流域土壤样品含水量测验结果（2019/11/28）

组别	烧杯质量/g	烘干前质量（10:45）/g	烘干后质量/g		质量含水量/%
			I（18:00）	II（19:30）	
1	58.70	133.75	111.90	111.86	41.2
2	54.87	94.76	79.61	79.60	61.3
3	54.39	157.66	143.62	143.62	15.7
4	37.40	119.14	101.95	101.94	26.7
5	26.78	118.11	95.49	95.38	33.1
6	34.35	125.98	104.59	104.56	30.5
平均含水量：34.8%					

2.3.3　流域蒸发量

蒸散（evapotranspiration，ET）包括植被蒸腾与土壤蒸发，是地表能量平衡与水量平衡的重要组成部分，也是陆面过程研究的关键参数。研究中，利用卫星遥感数据，改进地表能量平衡算法（surface energy balance algorithm for land，SEBAL）模型，反演得到流域蒸发量，蒸发反演流程如图 2.12 所示。SEBAL 模型的建立基于地表能量平衡方程：

$$R_n = \lambda \mathrm{ET} + G + H \tag{2.8}$$

式中：R_n 为地表净辐射；ET 为蒸散量；λ 为水的汽化潜热；G 为土壤热通量；H 为感热通量（李红军 等，2005）。

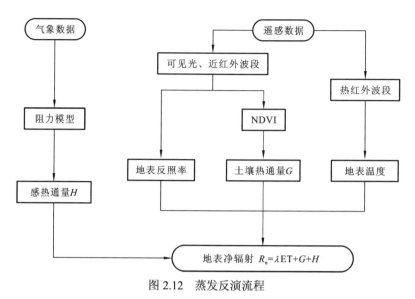

图 2.12　蒸发反演流程

NDVI：normalized difference vegetation index，归一化植被指数

2.3.4　植被用水量

植被对径流的影响主要通过根区蓄水能力影响产流过程，进而影响径流。同时流域的降雨径流过程又控制着植被根系的发展，影响着植被的根区蓄水能力和蒸散发。总的来说，植被的根区蓄水能力和流域的降雨-径流过程存在互馈的过程。因此可以通过植被的潜在蒸散发及降雨和径流数据计算流域的根区蓄水能力。准确地计算该参数，就能够较为定量地确定植被对流域径流的影响，从而定量地确定植被在多大尺度上影响着流域的产流过程。本节采用一种根据潜在日蒸发数据和日降雨数据计算根区蓄水能力的方法，在官山河流域试用了该方法，并与 Flex 模型率定的根区蓄水能力做比较，验证该方法在官山河流域应用的可行性。

1. 气候数据计算流域根区蓄水能力公式

首先计算流域净雨，计算公式如下：

$$\frac{\mathrm{d}S_i}{\mathrm{d}t} = P - E_i - P_e \tag{2.9}$$

$$E_i = \begin{cases} E_p, & E_p\mathrm{d}t < S_i \\ \dfrac{S_i}{\mathrm{d}t}, & E_p\mathrm{d}t \geqslant S_i \end{cases} \tag{2.10}$$

$$P = \begin{cases} 0, & S_i \leqslant I_{max} \\ \dfrac{S_i - I_{max}}{\mathrm{d}t}, & S_i > I_{max} \end{cases} \tag{2.11}$$

式中：S_i 为流域冠层截留的雨量；P 为流域降雨量；P_e 为流域的净雨量；t 为单位时段；E_i 为冠层蒸发量；E_p 为潜在蒸发量；I_{max} 为流域最大截留量，一般设为 1.5（Gao et al.，2014）。

求得流域的净雨量后计算流域每年的最大赤字 S_R，即流域水量亏损的最大值，计算公式如下：

$$\overline{E_t} = \overline{P_e} - \overline{Q} \tag{2.12}$$

$$E_t(t) = \frac{E_p(t)}{\overline{E_p}} \times \overline{E_t} \tag{2.13}$$

$$S_R = \max \int_{T_0}^{T_1} (P_e - E_t)\mathrm{d}t \tag{2.14}$$

式中：$\overline{E_t}$ 为流域年平均蒸腾的水量；$\overline{Q}$ 为流域的年平均径流深；$E_t(t)$ 为每一个时段流域蒸腾的水量；$\overline{E_p}$ 为年平均潜在蒸发量；S_R 为每年的最大赤字；T_0 为起始时刻赤字等于零的时刻；T_1 为赤字增大减少后重新等于零的时刻（Gao et al.，2014）。

假定 S_R 的分布服从耿贝尔（Gumbel）分布，耿贝尔分布中回归周期 20 年对应的 S_R 为流域的根区蓄水能力。

2. 模型率定流域根区蓄水能力

Flex 模型由 Fenicia 开发，它是一个四水库模型，包括截留水库 S_i、非饱和水库 S_u、快速响应水库 S_f、慢速响应水库 S_s，模型结构图如图 2.13 所示。通过率定该模型的流域

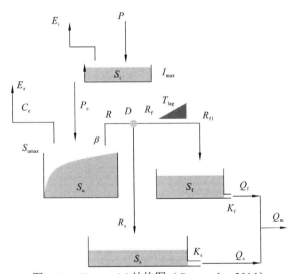

图 2.13　Flexmodel 结构图（Gao et al.，2014）

P 为流域降水量；P_e 为流域的净雨量；E_i 为冠层蒸发量；E_a 为实际蒸发量；T_{lag} 为暴雨和快速径流产生之间的时间滞后的参数；S_{umax} 为流域根区蓄水能力；I_{max} 为流域截留能力；β 为控制产流的形状参数；C_e 为控制流域蒸腾作用的参数；D 为快速径流的水量占中产流量的百分比；R 为产流量；R_f 为快速径流的产流量；R_{f1} 为快速径流排入快速响应水库量；R_s 为慢速径流产流量；Q_s 为慢速径流量；Q_f 为快速径流量；Q_m 为总径流量；K_f 为快速径流持续时间参数；K_s 为慢速径流持续时间参数

根区蓄水能力 S_{umax} 与气候数据计算的根区蓄水能力做比较来验证上述方法的可行性（Gao et al.，2014）。

模型的计算公式如下。

截留水库计算公式同式（2.9）～式（2.11）。

非饱和水库：

$$\frac{dS_u}{dt} = P_e - R - E_t \tag{2.15}$$

$$\frac{R}{P_e} = \left[1 - \frac{S_u}{(1+\beta)S_{umax}} \right] \beta \tag{2.16}$$

$$E_t = E_p \min\left(1, \frac{S_u}{C_e S_{umax}} \right) \tag{2.17}$$

式中：R 为产流量；S_u 为根区蓄水量；E_t 为流域蒸腾的水量；S_{umax} 为流域根区蓄水能力；β 为控制产流的形状参数；C_e 为控制流域蒸腾作用的参数（Gao et al.，2014）。

快速水库：

$$R_f = RD \tag{2.18}$$

$$\frac{dS_f}{dt} = R_f - Q_f \tag{2.19}$$

$$Q_f = \frac{S_f}{K_f} \tag{2.20}$$

式中：D 为快速径流的水量占产流量的百分比；R_f 为快速径流的产流量；Q_f 为快速径流；S_f 为快速水库中的储存水量；K_f 为参数，代表快速径流持续时间（Gao et al.，2014）。

慢速水库：

$$R_s = R(1-D) \tag{2.21}$$

$$\frac{dS_s}{dt} = R_s - Q_s \tag{2.22}$$

式中：R_s 为慢速径流产流量；S_s 为慢速水库的储存水量；Q_s 为慢速径流（Gao et al.，2014）。

3. 计算结果

上述两种方法计算的根区蓄水能力的结果见表 2.5。气象数据计算的流域根区蓄水能力为 537 mm，模型率定的根区蓄水能力为 575 mm，两者的差值小于 10%，近似相等。将气象数据计算的根区蓄水能力和模型率定的根区蓄水能力代入 Flex 模型中，计算得纳什效率系数（Nash-Sutcliffe efficiency coefficient，NSE）均为 0.55，故可以说明根据气象数据计算的根区蓄水能力具有可行性，从而确定了受植被用水影响，官山河流域产生了 537 mm 的根区蓄水能力。

表 2.5　根区蓄水能力对比

类别	气象数据计算	模型率定
根区蓄水能力/mm	537	575
NSE	0.55	0.55

4. 植被截留对流域洪水过程的影响

植被截留是产流过程的重要环节，以往的洪水计算过程中，往往忽视了该环节的作用。因此本节采用了 Beven 等（1995）提出的无截留模块的 TOPMODEL 对官山河流域的 14 场小时尺度的洪水进行率定，确定了官山河流域除冠层最大截留能力外的其他产汇流参数，模型率定所得 NSE 为 0.45。后通过耦合具有不同最大截留能力的截留模块进行数值实验，研究植被截留在大中小三种雨量情形下，正态分布的降水对洪水的洪峰、峰现时间、洪量和洪水起涨点的影响。

耦合的截留模块计算公式同式（2.9）～式（2.11）。

最大截留能力分别设置为 1 mm，2 mm，…，10 mm。大中小三种雨量的降雨过程见表 2.6。

表 2.6　降雨过程

降雨总量/mm	1 h	2 h	3 h	4 h	5 h
20	0.45	2.72	13.65	2.72	0.45
60	1.36	8.15	40.96	8.15	1.36
80	1.82	10.87	54.62	10.87	1.82

植被截留对洪水的洪峰、峰现时间、洪量和起涨点的影响如图 2.14～图 2.17 所示。

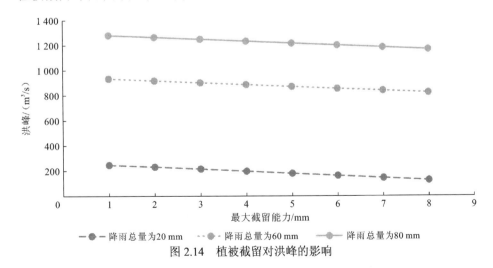

图 2.14　植被截留对洪峰的影响

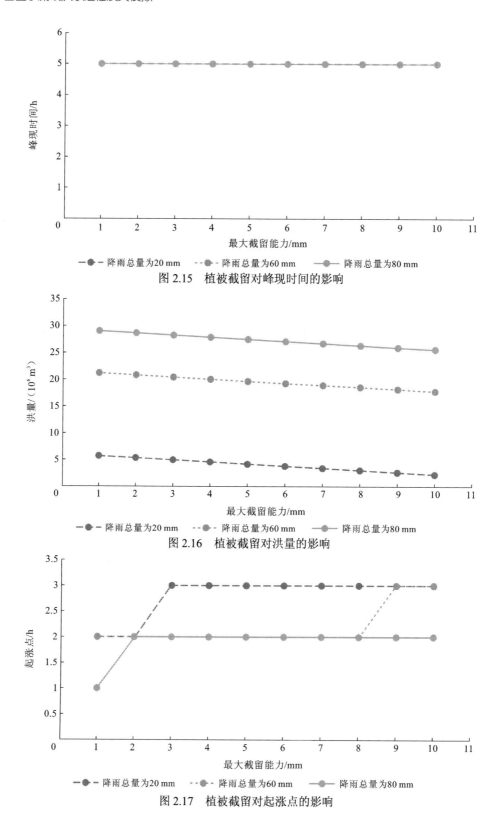

图 2.15　植被截留对峰现时间的影响

图 2.16　植被截留对洪量的影响

图 2.17　植被截留对起涨点的影响

图 2.14 显示，在大中小三种雨量的降雨情形下，洪水的洪峰均随植被截留能力的增加而降低，说明无论在何种雨量下，植被截留均对洪水存在削峰的作用，随着植被截留能力的增加，削峰的作用加强。图 2.15 显示，在大中小三种雨量的降雨情形下，洪水的峰现时间均为 5 h，说明植被的截留部分对洪水的峰现时间影响较小。图 2.16 显示，在大中小三种雨量的降雨情形下，洪水洪量均随着植被截留能力的增加而降低，说明无论在何种雨量下，植被截留均对洪水存在削减洪量的作用，随着植被截留能力的增加，削减洪量的作用也在加强。图 2.17 显示，在降雨总量为 20 mm 的小洪水情形下，初始的峰现时间为降雨开始后 2 h，在最大截留能力达到 2 mm 后，洪水的起涨点推后 1 h，达到 3 h，随后保持不变。在降雨总量为 60 mm 的情形下，初始的峰现时间同样为降雨开始后 2 h，在最大截留能力达到 8 mm 时，洪水的起涨点推后 1 h，达到 3 h，随后保持不变；在降雨总量为 80 mm 的情形下，初始的峰现时间为 1 h，在最大截留能力达到 2 mm 时，洪水的起涨点推后 1 h，达到 2 h 随后保持不变。这说明，植被的截留作用对洪水的起涨点存在着推迟的作用，随着截留能力的增加推迟的作用加强，但植被的截留能力对雨量不同的洪水的推迟作用不同。对于小雨量引发的洪水，植被的截留能力较强；而对于大雨量引发的洪水，植被的截留能力对推迟洪水起涨点的作用较小。

为验证数值模拟实验的研究结论，本节应用实测资料研究植被截留对官山河洪水过程的影响。选用同样 14 场洪水，率定有截留模块的 TOPMODEL 的水文参数，其中最大截留能力为 4.74 mm。在计算实际的洪水过程中，分别使用有截留模块的模型和无截留模块的模型进行计算，进而研究截留模块对洪水过程的影响。选取实测资料中大中小三种洪水的降雨径流过程，研究植被截留对三种洪水降雨径流过程的影响。三种洪水降雨径流过程如图 2.18～图 2.20 所示。

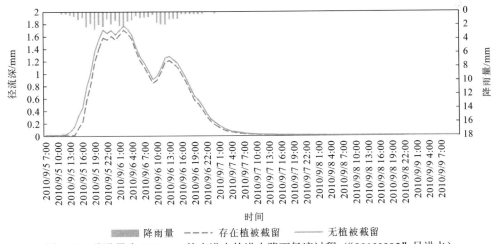

图 2.18　总洪量为 35.1 mm 的小洪水的洪水降雨径流过程（"20100905"号洪水）

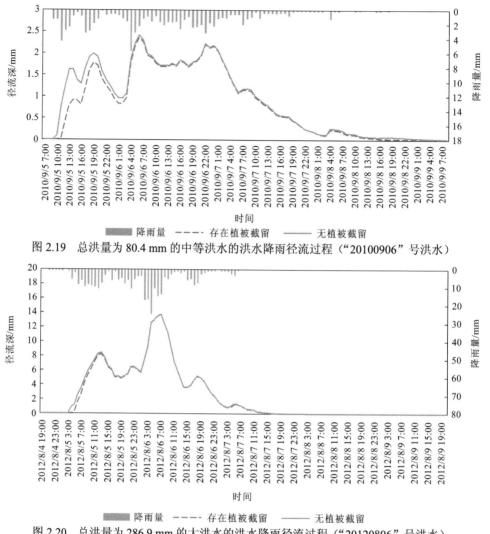

图 2.19　总洪量为 80.4 mm 的中等洪水的洪水降雨径流过程（"20100906"号洪水）

图 2.20　总洪量为 286.9 mm 的大洪水的洪水降雨径流过程（"20120806"号洪水）

从图 2.18～图 2.20 可以看出，植被截留对三种洪水均存在削减峰值和削减洪量的效果。在植被截留能力对洪水起涨点的影响中，对小洪水和中等洪水均存在着推迟的作用，推迟时间为 1～2 h，而对大洪水的推迟时间较小，几乎不存在推迟作用。植被截留能力对洪水的峰现时间无影响。植被截留能力对洪水过程的影响与数值模拟实验的研究结果基本相似。

2.3.5　观测站设计

1. 水文观测站建设

为深入研究官山河流域的产流机理，在该流域内的黄沟流域建立了水文观测站（以下简称水文站）。黄沟实验区域具体位置如图 2.21 所示。图 2.22 和图 2.23 为黄沟水文站建成前后的实拍图。图 2.24 为雨量站布设，图 2.25 为建成雨量站之后，监测数据实时传输到收集平台。黄沟水文站的建设可以提供准确的实时降雨径流数据，同时可以提供构建官山河流域水文模型的输入数据，为分析整个官山河流域的降雨-径流关系及径流模拟做铺垫。

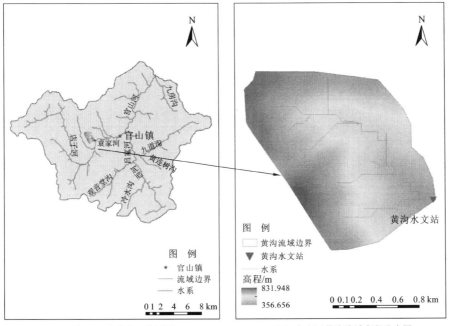

（a）官山河流域地理位置图　　　　（b）官山河黄沟流域高程分布图

图 2.21　官山河黄沟流域位置示意图

图 2.22　黄沟流域原始概况

2. 土壤分层观测实验站

为了探明官山河流域的产流机制，在官山河赵家坪村村委会附近，靠近黄沟流域的地方，建立了一个土壤分层观测实验站。图 2.26 为土壤分层观测实验站示意图，图 2.27 为土壤分层观测实验站构建完成之后的实拍图。

图 2.23　黄沟流域的流量监测

图 2.24　雨量站布设

序号	要素名	要素值	单位	采集时间
1	10厘米处土壤含水量	-999999.999	百分比	2018-11-19 11:05
2	20厘米处土壤含水量	-999999.999	百分比	2018-11-19 11:05
3	30厘米处土壤含水量	-999999.999	百分比	2018-11-19 11:05
4	40厘米处土壤含水量	-999999.999	百分比	2018-11-19 11:05
5	50厘米处土壤含水量	-999999.999	百分比	2018-11-19 11:05
6	当前降水量	0	毫米	2018-11-19 11:05
7	1分钟时段降水量	0	毫米	2018-11-19 11:05
8	5分钟时段降水量	0	毫米	2018-11-19 11:05
9	降水量累计值	0	毫米	2018-11-19 11:05
10	风向	9		2018-11-19 11:05
11	风速	0.6	米/秒	2018-11-19 11:05
12	电源电压	14.06	伏特	2018-11-19 11:05
13	遥测站状态及报警信息	129		2018-11-19 11:05

图 2.25　实时数据上传

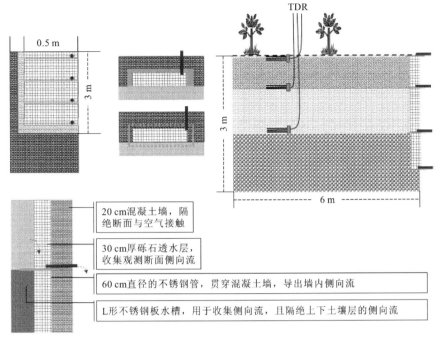

20 cm混凝土墙，隔绝断面与空气接触

30 cm厚砾石透水层，收集观测断面侧向流

60 cm直径的不锈钢管，贯穿混凝土墙，导出墙内侧向流

L形不锈钢板水槽，用于收集侧向流，且隔绝上下土壤层的侧向流

图 2.26　土壤分层观测实验站示意图

注：每个介质层界面设 1 个集水槽，槽底板上放置 1 根出水管

图 2.27　土壤分层观测实验站实拍图

整个测坑分为四层来进行流量收集：第一层布设于地表，主要收集地表径流；第二层布设于腐殖质层与淋溶层界面（0.2 m深），收集有机层和腐殖质层的径流；第三层布设于淋溶层与淀积层界面（1.5 m深），收集淋溶层的径流；第四层布设于淀积层中（2.8～3.0 m深），收集可能存在的淀积层来水。利用钢板将每层进行分隔，通过钢管将该层流出的水进行收集，然后利用胶管引流到雨量筒中，通过雨量筒的翻动来换算为流量，最后通过远距离传输将数据上传到收集平台，用于分析。在分层过程中，都通过严格的防水措施做到上下层的隔绝。值得注意的是，由于各土层界面交界处来水量一般较大，钢板一般需布设在界面以下0.05 m处。

2.3.6　观测成果

1. 黄沟水文站数据

黄沟水文站于2019年10月8日、10月22日和2020年10月3日成功测量三场洪水，洪水过程如图2.28～图2.30所示。2019年两场洪水都为单峰洪水，洪水流量过程较为光滑，洪峰皆出现在降雨后，观测数据较为可信。"20191008"号洪水的总降雨量为30 mm，峰现时间约为25 h，洪峰流量为0.089 m³/s。"20191022"号洪水的降雨量为37 mm，峰现时间为20 h，洪峰流量为0.13 m³/s。"20191022"号洪水相对于"20191008"号洪水的峰现时间提前，洪峰流量加大。可能的原因是较大的降水和受第一场洪水影响，土壤含水量较大。2020年的一场洪水为多峰洪水，且降雨量与2019年相比较大，"20201003"号洪水洪峰流量达到0.31 m³/s，主要原因为2020年降雨量比2019年降雨量大。

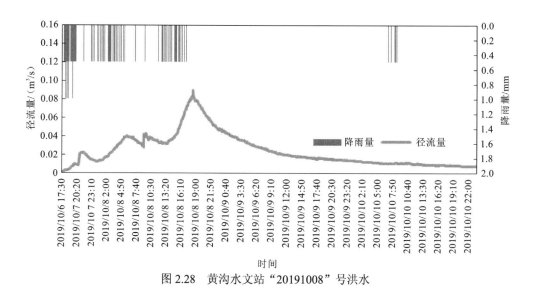

图2.28　黄沟水文站"20191008"号洪水

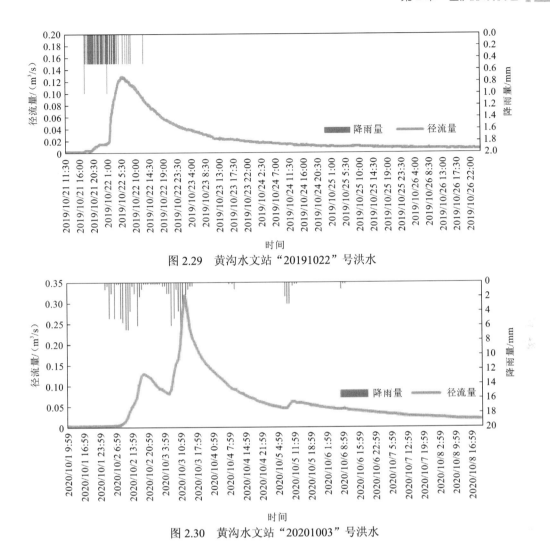

图 2.29　黄沟水文站"20191022"号洪水

图 2.30　黄沟水文站"20201003"号洪水

2. 土壤分层观测数据

通过远程遥测，目前已经收集到 2020 年的多场土壤分层观测实验站降雨过程的数据，将水量数据换算成流量数据，并插值成小时数据。图 2.31 为土壤分层观测数据收集平台的页面展示。图 2.32 为从土壤分层观测实验站建成到 2020 年 3 月 12 日收集到的多场降雨量-径流量数据。在 2020 年 8 月发生大洪水之前，淀积层 Q1 收集到的数据全为 0，管内几乎没有水流出，因此在数据整理分析过程中，只分析地表层、腐殖质层、淋溶层在降雨过程中的流量变化及总径流；即使在 2020 年 8 月之后，淀积层径流也占比极小，可忽略不计。总体整理分析结果见表 2.7、表 2.8。

		流量	2020-04-05 06:45 ~ 2020-04-05 22:00		查询	导出								
测站编号	测站名称	采集时间	流量1（次）	换算单位（m l）	流量1（m l）	流量2（次）	换算单位（m l）	流量2（m l）	流量3（次）	换算单位（m l）	流量3（m l）	流量4（次）	换算单位（m l）	流量4（m l）
00010001	00010001	2020-04-05 21:0 0:30	37	62.8	2323.60	53251	62.8	3344162.8 0	31377	62.8	1970475.6 0	33854	62.8	2126031.2 0
00010001	00010001	2020-04-05 20:0 0:30	37	62.8	2323.60	53251	62.8	3344162.8 0	31377	62.8	1970475.6 0	33854	62.8	2126031.2 0
00010001	00010001	2020-04-05 19:0 0:40	37	62.8	2323.60	53251	62.8	3344162.8 0	31377	62.8	1970475.6 0	33854	62.8	2126031.2 0
00010001	00010001	2020-04-05 19:0 0:20	37	62.8	2323.60	53251	62.8	3344162.8 0	31377	62.8	1970475.6 0	33854	62.8	2126031.2 0
00010001	00010001	2020-04-05 18:0 0:30	37	62.8	2323.60	53251	62.8	3344162.8 0	31377	62.8	1970475.6 0	33854	62.8	2126031.2 0
00010001	00010001	2020-04-05 17:0 0:30	37	62.8	2323.60	53251	62.8	3344162.8 0	31377	62.8	1970475.6 0	33854	62.8	2126031.2 0

图 2.31 土壤分层观测数据收集平台

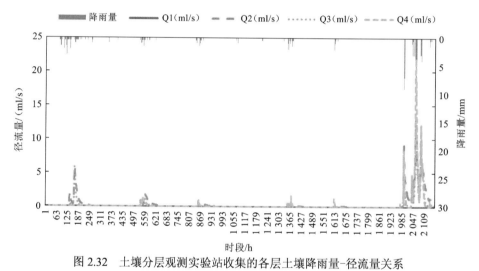

图 2.32 土壤分层观测实验站收集的各层土壤降雨量-径流量关系

Q1 为淀积层，即最底层的径流量；Q2 为淋溶层，即土壤-基岩界面之上的淋溶层的径流量；Q3 为腐殖质层的径流量；

Q4 为地表层，即地表径流量

表 2.7 场次降雨过程中各层的总径流量

洪水编号	径流量/ml				降雨量/mm
	淀积层	淋溶层	腐殖质层	地表层	
20200124	0	227 556.05	93 113.52	100 890.68	15.5
20200206	0	72 365.88	14 885.81	42 097.69	9.0
20200227	0	52 313.53	8 642.88	35 440.48	11.0
20200308	0	47 603.18	1 193.49	24 744.64	9.5
20200327	0	2 222 258.71	1 572 694.85	1 905 824.84	99.5
20200701	0	88 629.35	240 946.24	66 940.61	37.0
20200807	0	163 374.20	198 567.74	345 977.16	65.7

洪水编号	径流量/ml				降雨量/mm
	淀积层	淋溶层	腐殖质层	地表层	
20200817	0	310 606.13	331 517.19	298 696.17	27.9
20200819	0	1 834 855.86	2 248 382.22	2 183 901.40	165.2
20200920	99 702.28	690 054.89	806 244.13	841 864.80	136.5
20201002	108 235.80	1 249 782.80	1 510 214.40	1 012 587.20	106.0

表 2.8　场次降雨过程中各层径流占比

洪水编号	淀积层占比/%	淋溶层径流占比/%	腐殖质层径流占比/%	地表径流占比/%	壤中流占比/%
20200124	0	53.98	22.09	23.93	76.07
20200206	0	55.95	11.50	32.55	67.45
20200227	0	54.27	8.97	36.76	63.24
20200308	0	64.73	1.62	33.65	66.35
20200327	0	38.98	27.59	33.43	66.57
20200701	0	22.35	60.77	16.88	83.12
20200807	0	23.08	28.05	48.87	51.13
20200817	0	33.01	35.24	31.75	68.25
20200819	0	29.28	35.88	34.84	65.16
20200920	4.09	28.31	33.07	34.53	65.47
20201002	2.79	32.21	38.91	26.09	73.91

　　根据表 2.8 的各层产流的占比情况来看，淋溶层和腐殖质层的占比最大，11 场降雨过程中，有 4 场淋溶层径流占比都超过了 50%。壤中流占比为腐殖质层、淋溶层和淀积层占比之和，在多数降雨过程中，壤中流占比与地表径流占比比例基本上超过 1.8∶1。根据分层占比情况来看，实验流域内的产流不是以地表产流为主，而是以壤中流为主，比较符合前文根据官山河流域降雨径流关系所推测的壤中暴雨流。图 2.33～图 2.35 为 3 场降雨过程中各层土壤降雨-径流关系，从图中可以看出每场降雨过程刚开始，地表产流最先产生，并且迅速达到峰值然后下降，而腐殖质层和淋溶层的产流相对滞后一些，然后退水过程持续时间较长，特别是对于淋溶层的径流。对于"20200124"号洪水的降雨过程，淋溶层的径流产生的洪峰流量比地表产流产生的洪峰流量还要大；对于"20200807"号洪水的降雨过程，腐殖质层的洪峰流量和地表径流的洪峰流量基本相同，淋溶层洪峰流量依旧较大，壤中流整体径流量占比较大，说明在该区域产流特征符合壤中暴雨流。其他几场降雨过程，虽然地表产流产生的洪峰流量要大于地下产流产生的洪峰，但是从总体的径流量来说，地下产流的径流量远大于地表的径流量。因此，根据野外土壤分层观测实验站的数据，初步表明该区域的产流机制确实符合壤中暴雨流机制。

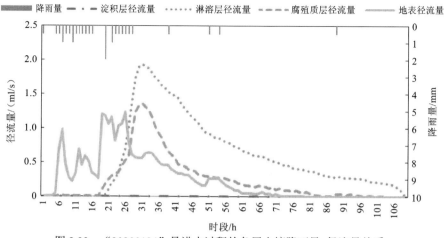

图2.33 "20200124"号洪水过程的各层土壤降雨量-径流量关系

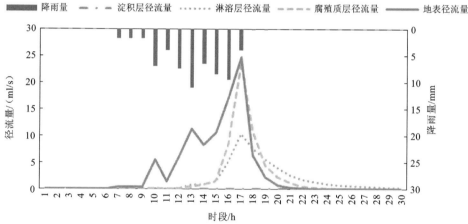

图2.34 "20200807"号洪水过程的各层土壤降雨量-径流量关系

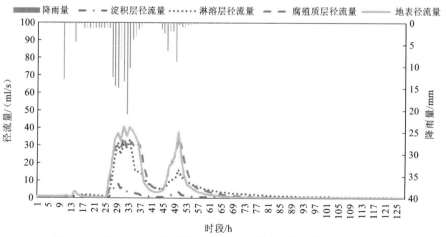

图2.35 "202008017"号洪水过程的各层土壤降雨量-径流量关系

选取 2020 年 8 月 7 日~8 月 24 日和 9 月 18 日~10 月 8 日两个降雨较为集中的时间段，结合各层土壤含水量做进一步分析，结果如图 2.36 所示。

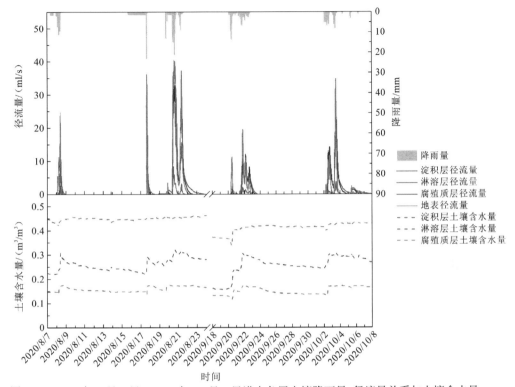

图 2.36　2020 年 8 月 7 日~2020 年 10 月 8 日洪水各层土壤降雨量-径流量关系与土壤含水量

对图 2.36 进行分析，有以下四点结论。

（1）除淀积层径流量极小以外，该流域其他各层的径流对降雨的响应十分迅速，几乎在降雨的同时就产流。其中，地表径流量最大，腐殖质层和淋溶层径流量几乎相同，比表层径流量稍小，符合山区小流域降雨量-径流量关系。

（2）虽然大多数时候，按分层比较，地表径流量最大，但是由腐殖质层、淋溶层和淀积层径流形成的壤中流还是大幅超过地表径流，壤中流占比超过 51%，说明该流域产流以壤中流为主。

（3）土壤含水量的变化受前期土壤含水量影响很大，如 8 月 19 日的前期土壤含水量较 9 月 20 日高，尽管前者降雨量远远多于后者，但后者各层土壤含水量的变化更明显。

（4）腐殖质层土壤含水量受降雨影响最大，即该层下渗速度最快，降雨会快速下渗并蓄积在腐殖质层与淋溶层界面上；而淋溶层土壤含水量在三层中最高，这是由于淋溶层下部是淀积层，透水性很差，因此下渗的水体沉积在淋溶层，淋溶层容易产流，而淀积层产流很慢。

以上结论显示，在该流域，由于山坡地表层透水性强，降雨会快速下渗并蓄积在相对不透水层上，形成各层径流，与壤中暴雨流产流机制吻合，进一步表明该区域的产流机制确实符合壤中暴雨流机制。

2.3.7 基于雷达的土壤深度测定

1. 雷达基本原理

探地雷达是一种地球物理勘探方法，它利用一个天线发射超高频窄脉冲电磁波，另一个天线通过接收被探测介质的反射波来探测介质的分布。它根据波的双向传播时间、振幅和波形信息来检测介质的分布结构。其工作原理如图 2.37 所示：发射天线 T 发射电磁波信号，当探测到具有不同电特性的物体时，电磁波将被反射；反射波由接收天线 R 接收，主机记录电磁波的反射数据和双向传播时间；最后根据测得的雷达波传播双程走时计算反射界面的深度 z（李大心，1994）。

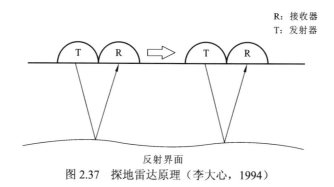

图 2.37　探地雷达原理（李大心，1994）

由式（2.23）计算目标地质体的深度 z：

$$t = \sqrt{4z^2 + x^2}\,/v \tag{2.23}$$

式中：t 为雷达波传播双程走时；x 为发射天线和接收天线之间的距离；v 为介质中的电磁波传播速度，$v = c/\sqrt{\varepsilon_r}$，$c = 0.3\ \text{m/ns}$，$\varepsilon_r$ 为介电常数，反映了波在电性差异地质体中的反射强度（李大心，1994）。

2. 软件设备

本实验采用的是瑞典 MALA 公司的 RAMAC/GPR 高精度探地雷达，使用 ReflexW 雷达影像分析软件对所测剖面线图像进行滤波分析和影像解译。

3．测量方法

　　探地雷达测量方法主要分为四类：反射波法、地面波法、钻孔雷达法、表面反射法（雷少刚和卞正富，2008）。反射波法利用地面以下不同电性界面的反射波来得到地下剖面的一些信息，分为固定天线距法和变天线距法。其中固定天线距法的特点是发射天线和接收天线之间的间距是固定的，能比较直观地得到观测结果；变天线距法分为共深点法和宽角法，它采用不同的发射天线和接收天线之间的间距对同一测线进行测量，可以不需要地下目标体信息。地面波法是利用地面波得到关于地表的一些信息。钻孔雷达法将钻孔雷达的接收、发射天线放进管孔中，利用钻孔之间的距离与波的传输时间计算波速等信息。表面反射法是将探地雷达天线放置在一定的高度上的一种测量方式。本书采用的是反射波法的固定天线距法。

　　具体步骤为：使用雷达主机、250 MHz 天线、800 MHz 天线、皮尺等设备沿着实验路线实施测量，每隔 0.05 m 进行一次测量。测量现场图如图 2.38 所示。

图 2.38　现场测量图

4．实验路线

　　在官山河实验区选取了如图 2.39 所示的 9 条测线和 8 个测点对实验区的高含水量层的埋深、含水量进行分析，其中 04 号、05 号测线在实验坑的两侧，12 号测线在实验坑内，实验坑约 1.5 m 深。

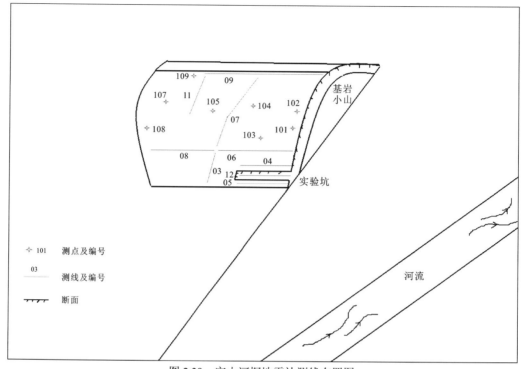

图 2.39　官山河探地雷达测线布置图

5. 数据分析与解译原理

探地雷达发射的高频电磁波在向地下探测的过程中会衰减，深处的信号较为微弱，因而需要采取滤波处理措施对信号进行还原。所以本实验以雷达探测数据作为数据源，使用 ReflexW 对所测剖面的雷达图像进行滤波分析和影像解译，滤波处理过程如下：一维滤波（去直流漂移）、静校正（移动开始时间）、信息增益（能量衰减）、二维滤波（抽取平均道）、一维滤波（巴特沃斯带通滤波）、二维滤波（滑动平均）。

对实验区取的土样通过烘干法测量其土壤含水量，根据 Topp 模型（Topp，1980）［见式（2.24）］得出其介电常数，最终得出该地区土壤平均电磁波速度。

$$\theta = -0.053 + 0.029\,3 - 0.000\,55\varepsilon^2 + 0.000\,004\,3\varepsilon^3 \qquad (2.24)$$

式中：θ 为土壤含水量；ε 为相对介电常数。

经过上述步骤后，将最终的数据进行层位追踪，以 0.1 m 为间距，导出表层土壤厚度的报表数据，最终得到试验区的土壤厚度数据。

下面以官山河 12 号测线为例简单地介绍解译过程。

经过一维滤波、静校正、信息增益等处理后的 12 号测线的雷达波结果如图 2.40 所示（下图深度为粗略估计，未经修正），其中颜色深度表示电磁波的振幅大小，颜色代表相位方向（彩图请扫封底二维码）。

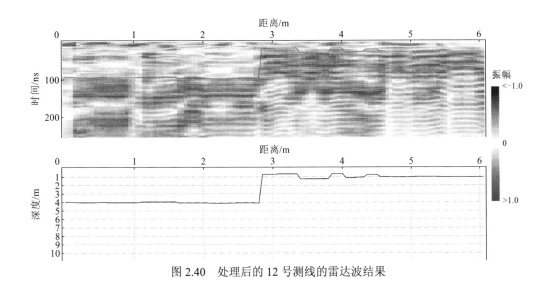

图 2.40　处理后的 12 号测线的雷达波结果

从图 2.40 中明显可见在测线 0～3 m 宽度内，100 ns 之后出现相位变化且振幅异常增大的现象，结合当地地质资料及现场开挖结果进行分析，认为该层为含水量较高的黏土层或者裂隙水丰富的泥岩层，将其称为高含水量层；假设该层上面的质地均匀，且含水量与实测土样的均值相同，求出电磁波的传播速度，进而可得到界面的埋深。

6. 官山河高含水量层埋深的推求

1）电磁波速确定

通过探地雷达测量的实验区的垂直土壤分布和 2.3.2 小节测得的土壤含水量，得到表 2.9 中的介电常数，其平均介电常数为 12.3，平均电磁波速为 0.085 47 m/ns。

表 2.9　电磁波速计算表

组别	质量含水量/%	介电常数	平均电磁波速/（m/ns）
1	33.6	19.096 26	
2	44.2	29.350 54	
3	4.2	3.447 947	0.085 47
4	13.7	7.468 885	
5	15.6	8.350 226	
6	10.9	6.203 076	
平均介电常数：12.3			

2）高含水量层埋深

根据解译结果计算得到各测线及测点的高含水量层的平均埋深见表 2.10。

表 2.10　高含水量层平均埋深

位置	编号	平均埋深/m
测线	03	1.07
	04	0.53
	05	0.41
	06	0.41
	07	0.47
	08	1.22
	09	1.31
	11	1.08
	12	2.44
测点	101	9.59
	102	7.16
	103	5.48
	104	8.19
	105	5.49
	107	4.46
	108	6.97
	109	6.25

2.4　壤中暴雨流机制模型

根据前人的研究成果，以及对该流域降雨径流特征的分析，对于该流域的洪水过程模拟，应采用壤中暴雨流机制。而该机制应具备对洪水进行调蓄的功能，且随着土壤含水量的增加，壤中暴雨流流速增加，即当饱和含水层厚度较小时，即使降雨量很大，壤中暴雨流流速依然很小；反之，当饱和含水层厚度较大时，即使降雨量很小，壤中暴雨流流速却很大。

对壤中流的产流机制，目前已经有许多学者进行了研究，而且基于不同的假设已经有许多的产流模型发表。综合来看，这些模型的建立主要依据的基础模型有三个：①Richard 模型；②动力波模型；③贮水泄流模型。

Richard 模型是从微观的角度对壤中流进行分析，得到出口断面的泄流问题的解。然而 Richard 模型需要使用有限元或者有限差分的方法进行求解，很难得到模型的解析解，难以应用到本研究中。而动力波模型相对简单，但是该模型对于壤中流的模拟有一定的适用范围。根据 Beven 的标准：$\lambda < 0.75$，其中 $\lambda = 4q_\text{v}\cos\alpha / \sin^2\alpha$。这样，该类模型的应用便有一定的局限性。而 Sloan 和 Moore（1984）提出的贮水泄流模型与前两种模型相比，它是从宏观的角度，以水量平衡原理为出发点对壤中流进行模拟的。同时，没有动力波方程的局限性，而且模型简单。同时，因为该模型含有土壤的贮水与泄流两个过程，物理机制鲜明，满足壤中暴雨流的特征，于是本节选择该模型模拟壤中暴雨流过程。

任取其中一个土壤单元，如图 2.41 所示，假设基岩的斜坡倾角为 α，坡长为 L，土壤厚度为 D（基岩深），于是有

$$\frac{V_2 - V_1}{t_2 - t_1} = iL - \frac{q_1 + q_2}{2} \tag{2.25}$$

式中：V 为单宽饱和区可排放水的体积，m^2；q 为单宽排水率，m^2/s；t 为不同单宽饱和区可排放水体积对应时间；下标 1 和 2 分别为时段开始时刻和结束时刻；i 为非饱和区向饱和区的输水速度，m/s；L 为坡长，m。

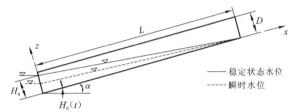

图 2.41　贮水泄流模型（Sloan and Moore，1984）

假设在该土壤单元上，饱和土壤水水面存在一个恒定的坡度，且该水力坡度等于基岩的坡度。于是，结合式（2.26），有

$$\begin{cases} V = H_0 \omega_\text{d} L / 2 \\ q = H_0 K_\text{s} \sin\alpha \end{cases} \tag{2.26}$$

当饱和地下水面抬升到土壤表面后，式（2.26）可以写为

$$\begin{cases} V = D\omega_\text{d}(L + L_\text{s}) / 2 \\ q = DK_\text{s}\sin\alpha + iL_\text{s} \end{cases} \tag{2.27}$$

式中：H_0 为饱和地下水厚度，m；D 为土壤厚度（基岩深），m；ω_d 为土壤有效孔隙度；L_s 为饱和坡长，m；K_s 为饱和渗透系数，m/s。

在贮水泄流模型的基础上，进一步做 Boussinesq 假设，即饱和土壤水面的坡度是恒定的，且等于水力坡度。这样其结构如图 2.42 所示，于是有

$$\begin{cases} V = \dfrac{D^2 \omega_\text{d}}{2\tan(\alpha - \beta)} \\ q = H_0 K_\text{s}\sin\beta \end{cases} \tag{2.28}$$

当饱和地下水面抬升到土壤表面后，式（2.28）可以写为

$$\begin{cases} V = L\omega_\text{d}[D - \tan(\alpha - \beta) / 2] \\ q = i + DK_\text{s}\sin\beta \end{cases} \tag{2.29}$$

式中：β 为自由水面坡度，即水力坡度。

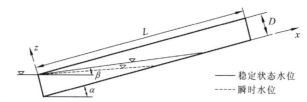

图 2.42　Boussinesq 贮水泄流模型（Sloan and Moore，1984）

对式（2.29）进行分析，假设该土壤单元的基岩坡度 α、山坡坡度 β、土壤孔隙度 ω_d 及饱和渗透系数 K_s 等是稳定的，即土壤性质及形状不变，随着降雨的不断发生，土壤中饱和地下水厚度 H 在不断上升，此时壤中暴雨流的单宽排水率 q 在不断变大，且该排水率与饱和地下水厚度成正比。当地下水饱和后，速度发生一个突变，并且稳定。该过程如图 2.43 所示。

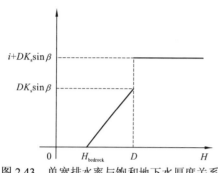

图 2.43　单宽排水率与饱和地下水厚度关系

由图 2.43 可知，当饱和地下水厚度较小时，壤中暴雨流流速较小，此时单宽排水率 q 小于非饱和区排水速度 i，研究单元处于蓄水状态。此时会出现"雨大水小"，甚至长时间测不到洪水的情况；当达到一定蓄水量时，单宽排水率 q 大于排水速度 i，研究单元开始泄水，且流速不断变大。此时会出现"雨小水大"的情况，整个过程与壤中暴雨流机制完全吻合，可以用来对其进行模拟。

2.5　小　　结

本章主要以官山河流域为研究区域进行了山洪形成机理研究。

（1）分析了山区洪水的降雨径流关系：探究了官山河场次洪水降雨-径流的相关关系、特征和可预报性，表明该流域的产流机制复杂。

（2）探究了径流形成的主要影响因素测定方法：地表温度使用遥感反演法进行测定，土壤含水情况使用了遥感反演法和烘干法进行测定，其中，遥感反演法更加适合大尺度的测量。流域蒸发量测定使用的是遥感反演法，采用了改进的 SEBAL 模型。探地雷达用于测量土壤深度，本章详细介绍了其原理、设备、方法、数据的解译和推求。植被需水量使用了根据潜在蒸发量和日降雨量数据进行演算的方法，并在官山河流域应用了该方法，将其与 Flex 模型的结果进行比较，并分析了植被截留对流域洪水过程的影响。

（3）建设了野外水文观测站以及野外土壤分层观测站：对观测成果进行分析，最终证明了在官山河流域的产流模式为壤中暴雨流机制，并通过贮水泄流模型来体现壤中暴雨流的非线性产流过程。

第 **3** 章

山洪模型及模拟计算

3.1 山洪模型

3.1.1 TOPMODEL

1. 模型基本结构

TOPMODEL 以蓄满产流作为产流模式。在该模式下，模型将土壤划分为三层：植被根系区、土壤非饱和区及饱和地下水区（叶江，2016）。同时用 DEM 栅格将流域进行划分（张鸿雪，2016），分成一个个水文单元，再对流域中的单元栅格的水文过程进行分析。在实际应用过程中，如果流域面积较大，可以先划分若干个子流域，分别进行水文过程分析，之后通过汇流演算得到出口处的流量过程。

TOPMODEL 描述的物理概念示意图如图 3.1 所示。截留后的降水首先会下渗到不饱和带，直接对植被根系区即图 3.1 中根带蓄水层进行补给。当该层土壤水达到饱和后，降水下渗到下一层土壤——非活性含水层。在下渗的同时，土壤中的水分也在不停蒸发。在重力的作用下，水分做垂直或侧向的运动，部分饱和地下水水面不断抬升至地表，形成地表饱和面，出现产流。这种地表饱和面（源面积）很不稳定，也称变动产流面积。在 TOPMODEL 中，流域的含水量计算很重要，通过土壤含水量或缺水量可以确定源面积的大小、位置等信息。TOPMODEL 中使用地形指数来解决这一问题，故而 TOPMODEL 是一个以地形为基础的水文模型。模型的基本结构如图 3.2 所示。

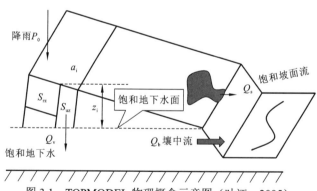

图 3.1　TOPMODEL 物理概念示意图（叶江，2005）

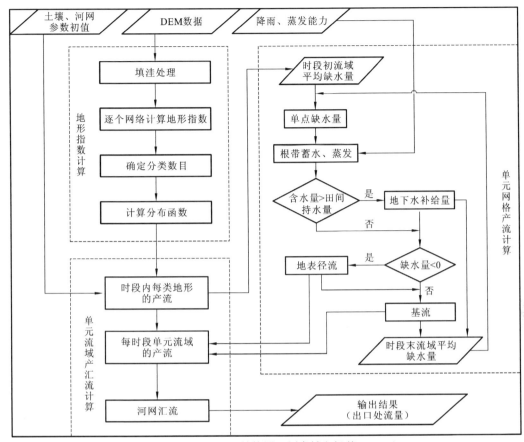

图 3.2　TOPMODEL 结构图（刘青娥和杨芳，2005）

2. 模型基本方程和假设

1）地形指数计算

土壤含水量或缺水量可以确定源面积的大小和位置，如图 3.1 中，各单元土壤缺水量用 z_i 表示，即地下水表面距离地表的深度。当 $z_i = 0$ 时，表示地下水表面抬升至地表处，即产生地表径流。

对于土壤的缺水量计算，可以使用连续方程和达西定律推求，方程如下：

$$a\frac{\delta j}{\delta x} - \frac{\delta z}{\delta t} = i - j \tag{3.1}$$

式中：i 为降雨强度；j 为单元面积的流量；x 为沿着最陡坡的路径；a 为汇流面积。

达西定律如下所示：

$$q = kJ \tag{3.2}$$

式中：q 为该点渗透速率；k 为渗透系数；J 为水力坡度。

为了求解该模型，提出了以下三个假设（Duan and Miller，1997）。

假设 1：地形坡度近似于饱和地下水的水力坡度。于是，达西定律可以表示为

$$q_i = T_i \tan \beta_i \qquad (3.3)$$

式中：T_i 为 i 点处的导水率，m^2/h；$\tan \beta_i$ 为 i 点处的地形坡度。

假设 2：导水率是缺水量的负指数函数，即

$$T_i = T_0 \exp(-z_i / S_{zm}) \qquad (3.4)$$

式中：T_0 为土壤饱和时的导水率，m^2/h，假设是分布均匀的；S_{zm} 为非饱和区的最大蓄水深度，m。

假设 3：产流速率全流域均等。这是一个关键性的假设，这意味着单元面积上的产流在空间上均匀分布，即

$$q_i = R \cdot a_i \qquad (3.5)$$

式中：R 为流域产流速率，为一常数；a_i 为单宽过水面积。

由式（3.3）～式（3.5）可得

$$z_i = -S_{zm} \ln\left(\frac{a_i R}{T_0 \tan \beta_i} \right) \qquad (3.6)$$

于是，由全流域平均水深度

$$\overline{Z} = \frac{1}{A} \int_A z_i \mathrm{d}A = \frac{S_{zm}}{A} \int_A \left(-\ln \frac{R a_i}{T_0 \tan \beta_i} \right) \mathrm{d}A \qquad (3.7)$$

可得

$$\frac{\overline{Z} - z_i}{S_{zm}} = \left[\ln\left(\frac{a_i}{\tan \beta_i} \right) - \lambda^* \right] - \left[\ln T_0 - \frac{1}{A} \sum_i A_i \ln T_0 \right] + \left(\ln R - \frac{1}{A} \sum_i A_i \ln R \right) \qquad (3.8)$$

式中：$\overline{Z}$ 为平均水深度，m；$\lambda^* = \frac{1}{A} \int_A \ln\left(\frac{a_i}{\tan \beta_i} \right) \mathrm{d}A$；$A$ 为流域面积，m^2。由假设 2 可知，式（3.8）的倒数第二项为零；由假设 3 可知，式（3.8）的最后一项为零。于是整理式（3.8）得

$$z_i = \overline{Z} - S_{zm}\left[\ln\left(\frac{a_i}{\tan \beta_i} \right) - \lambda^* \right] \qquad (3.9)$$

由此可见，在同一流域上，地形指数相等的两个点水文性质相似。所以，各点的地形指数 $\ln \frac{a}{\tan \beta}$ 的获取是模型计算的关键（熊立华和郭生练，2004）。

2）非饱和区水流运动方程

为了使模型的运算尽可能的简便，在模型构建时只考虑重力水的补给过程，不考虑水分的其他方式运动。在非饱和区，任意一点的水分通量函数可以用下渗率 $q_{v,i}$ 表示：

$$q_{v,i} = \frac{S_{uz,i}}{\mathrm{SD}_i \cdot t_d} \qquad (3.10)$$

式中：$S_{uz,i}$ 为非饱和区土壤含水量，m；SD_i 为非饱和区土壤蓄水能力，m；实际计算时 $\mathrm{SD}_i = z_i$；t_d 为时间参数，h/m。这样，整个流域的下渗率 Q_v 可以表示为

$$Q_v = \sum_i q_{v,i} \cdot A_i \qquad (3.11)$$

由模型的基本原理，蒸发仅发生在植被根系区，即

$$E_{a,i} = E_p \left(1 - \frac{S_{rz,i}}{S_{r\,max,i}} \right) \tag{3.12}$$

式中：$E_{a,i}$ 为第 i 点处的蒸发量，mm；E_p 为流域的蒸散发能力，mm；$S_{rz,i}$ 为第 i 点的植被根系区缺水量，m；$S_{r\,max,i}$ 为第 i 点的根系区最大蓄水能力，m。

3）饱和地下水区水流运动方程

饱和地下水区的水分最终以壤中流的形式流到河道中，计算公式如下：

$$Q_b = Q_0 \exp(-\bar{Z} / S_{zm}) \tag{3.13}$$

式中：$Q_0 = AT_0 \exp(-\lambda^*)$，为 $\bar{Z} = 0$ 时的流量，m^3/s。Q_b 也称为基流。

于是，下一时刻饱和地下水深度 $\bar{Z}^{t+1}$ 可以表示为

$$\bar{Z}^{t+1} = \bar{Z}^t - \frac{Q_v^t - Q_b^t}{A} \Delta t \tag{3.14}$$

式中：Δt 为时间步长，s。

对于初始时刻，饱和地下水深度 $\bar{Z}^1$ 的计算公式为

$$\bar{Z}^1 = -S_{zm} \cdot \ln(Q_b^1 / Q_0) \tag{3.15}$$

式中：Q_b^1 为初始壤中流。

4）饱和坡面流方程

当土壤的缺水量不大于零时，该点的饱和地下水水深超出地表，形成坡面产流。相应的产流计算公式为

$$Q_s = \frac{1}{\Delta t} \sum_i \{[S_{uz,r} - \max(z_i, 0)], 0\} A_i \tag{3.16}$$

5）河道汇流方程

由模型的基本结构可知，TOPMODEL 的产流主要包括两个部分：饱和坡面流和壤中流。于是，在汇流过程中，首先分别计算这两部分的产流量，然后将这两部分结果相加，再将结果汇流到河网之后，最后进行河道汇流演算，这样便得到了流域出水口处的流量过程。具体计算公式如下。

对于坡面汇流，任意一点汇到出口的时间：

$$T_i = \sum_{i=1}^{N} \frac{x_i}{v \tan \beta_i} \tag{3.17}$$

式中：x_i 为汇流长度，m；v 为流速，m/s；$\tan \beta_i$ 为汇流路径坡度。为了计算方便，采用等流时线法，假定任一点的坡面汇流速度 CH_v 相同，则

$$t_i = \frac{L_i}{\mathrm{CH_v}} \tag{3.18}$$

式中：t_i 为汇流时间，s。

对于壤中流，产流计算公式为

$$Q_\mathrm{b}(t) = K_\mathrm{b}Q_\mathrm{b}(t-1) + \frac{(1-K_\mathrm{b})R_\mathrm{b}(t)A}{3.6\Delta t} \tag{3.19}$$

式中：K_b 为壤中流的消退系数；$R_\mathrm{b}(t)$ 为地下净雨深，m。这样，总的产流过程为两个产流过程相加。

对于河道演算，采用同坡面汇流相同的方法。同样，假设任一河道流速度为 R_v，则

$$t_i = \frac{L_i}{R_\mathrm{v}} \tag{3.20}$$

在模型计算中，首先对河道进行划分，分成 n 段。假设，第 i 段河道到出水口最远距离是 $D(i)$，对应的流域面积占总面积的百分比是 $\mathrm{ACH}(i)$。对于第一段的坡面汇流时间为

$$t_0 = D(1)/\mathrm{CH_v} \tag{3.21}$$

第 i 段河道的汇流时间（$i \neq 0$）为

$$t_i = t_0 + [D(i) - D(1)]/R_\mathrm{v} \tag{3.22}$$

假设时间步长为 dt，则第 i 段河道滞后时间对应的滞后时段为 $\mathrm{TCH}(i) = t_i/\mathrm{d}t$。在这里，假设最近点的滞后时段为 ND，最远点的滞后时段为 NR。对于随机的一个时段 k，如果 ND 和 NR 的和比 k 小，则产生的径流可以全部汇于流域出口。否则，只能部分径流汇于流域出口，汇流的比例为

$$\mathrm{AR(IR)} = \mathrm{ACH}(i-1) + [k - \mathrm{TCH}(i)]\frac{\mathrm{ACH}(i) - \mathrm{ACH}(i-1)}{\mathrm{TCH}(i) - \mathrm{TCH}(i-1)} \quad (\mathrm{IR} = 1, \cdots, \mathrm{NR}) \tag{3.23}$$

计算各个时段流域出口断面的产流量，将同一时间出现的径流量相加，便可得到最终的径流过程（张鸿雪，2016）。

3.1.2　新安江三水源模型

新安江三水源模型是一种模拟流域上降雨径流形成的数学函数、逻辑结构。模型输入的是降雨量和蒸散发能力（常用水面蒸发值代表），输出的是流域出口断面的洪水过程。该模型广泛在我国南方湿润地区应用，并取得很好的效果。

新安江三水源模型是一种蓄满产流模型。模型采用三层蒸散发计算模型。产流条件是土壤包气带土壤湿度达到田间持水量；径流成分为地面、地下和壤中流三种；产流量的决定因素有降雨量和雨始土壤湿度（邹文安 等，2000）。该模型流域汇流分为坡面汇流和河网汇流两种，分别采用地面单位线和河槽汇流系数法计算。新安江三水源模型的结构图如图3.3所示。

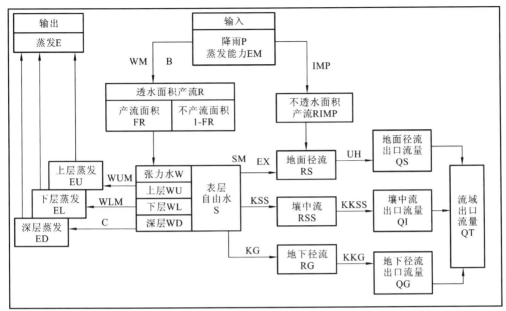

图 3.3 新安江三水源模型结构图（赵人俊，1984）

WUM：上层张力水蓄量；WLM：下层张力水蓄量；C：流域蒸发扩散系数；WM：流域平均张力蓄水量；B：蓄水容量曲线指数；IMP：流域不透水面积占全流域面积比例；SM：平均自由水蓄水量；KSS：表层自由水对壤中流时段出流系数；KG：表层自由水对地下水时段出流系数；EX：自由水曲线指数；KKSS：壤中流消退系数；KKG：地下水消退系数；UH：单位线

3.1.3 TVGM

1. 时变增益地表产流模型

非线性的系统理论认为自然界的水文过程，尤其是降雨径流关系是非线性的。从非线性这一本质出发，TVGM 应用了时变增益地表产流的概念。该概念认为，地表产流过程中，产流的量和土壤湿度是密切相关的，不同的土壤湿度将会引起当前时段地表产流量的不同，而地表产流量又会影响下一时段土壤湿度，从而又影响了下一时段地表产流量，以此来反映时变增益地表产流模型径流产出和降水之间的非线性关系。其产流的方式按公式（3.24）计算。

$$\mathrm{Rs}(t) = g_1 \cdot \left[\frac{W(t)}{\mathrm{WM}} \right]^{g_2} \cdot \mathrm{Pre}(t) \tag{3.24}$$

式中：$\mathrm{Rs}(t)$ 为本时段地表产流量；g_1 为在土壤饱和之后全流域的径流系数（$1 > g_1 > 0$）；g_2 为产流过程中赋予的土壤水的影响系数（$g_2 > 1$）；$W(t)$ 为本时段土壤湿度；WM 为土壤最大湿度；$\mathrm{Pre}(t)$ 为时段降水量。

2. 改进的 Bagrov 降雨蒸散发模型

在水文模型计算中，输入的往往都是潜在蒸散发/水面蒸散发序列，需要转化为实际蒸散发序列。TVGM 使用了改进的 Bagrov 降雨蒸散发模型。Bagrov 降雨蒸散发模型构建了一个假设的关系式（3.25）（夏军 等，2005）。

$$\frac{dET_a}{dP} = 1 - \left(\frac{ET_a}{ET_p} \right)^N \tag{3.25}$$

式中：ET_a 为实际蒸散发；P 为降雨量；ET_p 为蒸散发能力；N 为 Bagrov 降雨蒸散发模型的一个指数参数，用来反映土地的利用类型及土壤类型。按照式（3.25）进行数值求解就可以将潜在蒸散发序列转化为实际蒸散发序列。但是，这个蒸散发模型没有考虑在产流之前流域降水量对产流的影响，换言之，没有考虑土壤湿度的作用，因此改进的 Bagrov 模型引入了权重系数 KAW 对获得的结果进行修正，见式（3.26）（夏军 等，2005）：

$$\frac{ET_a}{ET_p} = \left[(1 - KAW) \times KET_{Bagrov} + KAW \times \frac{W}{WM} \right] \tag{3.26}$$

式中：KET_{Bagrov} 为改进前实际、潜在蒸散发的比，并且当计算的比值大于 1 时取值为 1；KAW 为修改权重系数；W 为时段土壤的湿度；WM 为土壤最大湿度。

3. 壤中流模型和地下产流模型

TVGM 将土壤垂向上分割为上层土壤和下层土壤。下层土壤以下认为是深层土壤，不参与产流。由此，时段总产流分为地表产流、上层土壤产出的壤中流和下层土壤产出的地下产流。地表产流由时变增益产流模型控制，而壤中流和地下产流简单考虑，使用传统的线性储蓄出流模型。并且认为上层土壤和下层土壤水分的交换是比较慢的，因此可以分两次使用水量平衡，前一次用于更新上层土壤湿度，后一次用于更新下层土壤湿度（王渺林，2008；夏军 等，2005）。

两次水量平衡公式见式（3.37）、式（3.38）。

$$Wu(t+1) = \left[Pre(t) - Rs(t) - ET_a(t) + \left(1 - \frac{Kr}{2} \right) \cdot Wu(t) \right] \Big/ \left(1 + \frac{Kr}{2} \right) \tag{3.27}$$

式中：Wu 为上层土壤湿度；Pre 为降水量；Rs 为地表产流量；ET_a 为实际蒸散发；Kr 为土壤水的出流系数；t 为计算时段，且 Wu 的 t 和 $t+1$ 代表时段初、末。

$$Wg(t+1) = \left[\left(1 - \frac{Kg}{2} \right) \cdot Wg(t) + InorOut \right] \Big/ \left(1 + \frac{Kg}{2} \right) \tag{3.28}$$

式中：Wg 为下层土壤湿度；Kg 为地下水出流系数；InorOut 为上层土壤湿度更新后的下渗量（此时取正值）或者剩余的蒸散发能力（此时取负值）；t 为计算时段，且 $Wg(t)$ 和 $Wg(t+1)$ 分别代表时段初、末的下层土壤温度。

壤中流和地下产流的计算公式见式（3.29）、式（3.30）。

$$Rss(t) = \overline{Wu(t)} \cdot Kr \tag{3.29}$$

式中：$Rss(t)$ 为时段壤中流；$\overline{Wu(t)}$ 为时段平均上层土壤湿度；Kr 为壤中流出流系数。

$$Rg(t) = \overline{Wg(t)} \cdot Kg \tag{3.30}$$

式中：Rg(t)为时段地下产流；$\overline{\text{Wg}(t)}$ 为时段平均下层土壤湿度；Kg 为地下产流出流系数。

由此，时段的总产流量计算见式（3.31）：

$$R = \text{Rs}(t) + \text{Rss}(t) + \text{Rg}(t) \tag{3.31}$$

4. 植被冠层截留模型

在地表产流的过程中需要考虑植被截留的问题，尤其是在山区等植被覆盖度较高的流域。不改变时变增益地表产流结构，引入针对不同土地类型的植被影响参数 C_j，式（3.24）的形式变为式（3.32）的形式，以式（3.32）计算地表产流，从而考虑植被冠层截留对产流的影响。

$$\text{Rs}(t) = g_1 \cdot \left[\frac{W(t)}{\text{WM} \cdot C_j} \right]^{g_2} \cdot \text{Pre}(t) \tag{3.32}$$

式中：C_j 为植被影响参数，按照裸地、耕地、草地和林地依次增大，相应的地表产流比例依次减少（王渺林，2008）。

5. 动力波汇流模型

TVGM 并没有对汇流模块有特定的要求，因此分布式模型常用的汇流模块如马斯京根模型和动力波模型均可以作为 TVGM 的汇流模型。本次研究采用动力波模型，以充分利用流域 DEM 数据提取的坡度、流向等数据。

动力波模型首先忽略了动量方程中的摩阻项，并且假设了河道深度 h 存在式（3.33）所描绘的关系（王渺林，2008）：

$$w = \alpha h \tag{3.33}$$

式中：w 为河道宽度；h 为河道水深；a 为线性比率。

对于非河道栅格，若纵向或水平向流动，则认为其汇流断面的平均宽度就是网格的宽度 Δx，否则取 $\sqrt{2}/2\Delta x$；对于河道栅格，其宽度和深度之间存在式（3.33）的关系。使用曼宁公式进行计算流量，推导得到流量计算公式见式（3.34）（王渺林，2008）：

$$Q = \alpha \cdot A^\beta \tag{3.34}$$

式中：A 为河道汇水面积；α、β 为计算因子，取值见式（3.35）：

$$\begin{cases} \alpha = \dfrac{1}{nr} \cdot a^{-\frac{1}{3}} \cdot \text{Slope}^{\frac{1}{2}}, & \beta = \dfrac{4}{3}, & \text{河道栅格} \\[3mm] \alpha = \dfrac{1}{nm} \cdot \Delta x^{-\frac{2}{3}} \cdot \text{Slope}^{\frac{1}{2}}, & \beta = \dfrac{5}{3}, & \text{纵/横向流动坡面栅格} \\[3mm] \alpha = \dfrac{1}{nm} \cdot \left(\dfrac{\sqrt{2}}{2}\Delta x \right)^{-\frac{2}{3}} \cdot \text{Slope}^{\frac{1}{2}}, & \beta = \dfrac{5}{3}, & \text{斜向流动坡面栅格} \end{cases} \tag{3.35}$$

在求解汇水面积 A 的过程中需要使用迭代的方法，将式（3.35）与连续性方程联立，由此构建的最终牛顿迭代公式见式（3.36）～式（3.38）（王渺林，2008）：

$$f(A_t) = \left[Q_1 - \alpha \cdot \left(\frac{A_t + A_{t-1}}{2} \right)^\beta \right] \cdot \frac{\Delta t}{\Delta x} + R \cdot \frac{A}{\Delta x} - A_t + A_{t-1} \qquad (3.36)$$

式中：Q_1 为栅格入流流量；A_t，A_{t-1}，A 分别为下一时刻、上一时刻和时段平均的汇流面积；R 为时段内栅格产生的径流量。

$$f'(A_t) = -\frac{\alpha \cdot \beta}{2} \cdot \left(\frac{A_t + A_{t-1}}{2} \right)^{\beta-1} \cdot \frac{\Delta t}{\Delta x} - 1 \qquad (3.37)$$

$$A_t^{(k)} = A_t^{(k-1)} - \frac{f[A_t^{(k)}]}{f'[A_t^{(k-1)}]} \qquad (3.38)$$

式中：k 为牛顿迭代的次数（王渺林，2008）。

6. 改进的度日因子模型

冰川的融化包括冰下融化、冰间融化和冰上融化，度日因子模型仅考虑了冰川融水与气温的关系，而冰下融化与地温有关，故本书认为地温增加能引起额外的冰川融化，因此本书在度日因子模型（Hock，2003）的基础上考虑地温正增量的影响，并且假设地温的正增量与其引起的冰川融水量之间的关系也是线性的。由于地温最低值为−2.0 ℃，而且即使在冬季（11月～次年1月）其均值也大于0 ℃（0.8℃），为减少参数，本书不考虑地温引起融冰的阈值。

故本书基于度日因子模型的冰川融水的计算公式如下所示：

$$M_i = \begin{cases} f_{m1}(T - T_m) + f_{m2} \cdot dT_g, & T > T_m \\ f_{m2} \cdot dT_g, & T \leqslant T_m \end{cases} \qquad (3.39)$$

式中：M_i 为冰川融水量，mm；f_{m1}、f_{m2} 分别为气温及地温正增量引起的冰川融化因子，mm/（℃·d）；T、T_m、dT_g 分别为气温、冰川起始融化气温阈值及地温正增量，℃。

7. 基于非线性水库出流方式的改进二水源TVGM

针对高原山区，提出了基于非线性水库出流方式的改进二水源TVGM，其时段末土壤含水量的迭代公式及地下水出流计算公式为

$$S_{t+1}^{i+1} = P_t - R_{s,t} - E_{p,t} \left(\frac{S_{t+1}^i + S_t}{2} \right) \bigg/ W - a \left(\frac{S_{t+1}^i + S_t}{2} \right)^b + S_t \qquad (3.40)$$

式中：i 为迭代次数；P_t 为 t 时段的降水量；$R_{s,t}$ 为 t 时段的地面产流量；$E_{p,t}$ 为 t 时段的蒸发能力；S_t、S_{t+1} 为 t 时段初、末的土壤含水量；W 为土壤饱和含水量；a、b 为非线性出流的参数，其中 b 值大于1。

在计算时段末的土壤含水量时，迭代初始值设为时段初的土壤含水量，并以相邻两次迭代结果的误差在一定许可范围内或达到一定迭代次数作为迭代终止条件。则 t 时段

的地下出流量为

$$R_{ss,t} = a\left(\frac{S_t + S_{t+1}}{2}\right)^b \tag{3.41}$$

3.1.4　基于壤中暴雨流的山区水文模型

从 TOPMODEL 的产汇流过程来看，虽然该模型结构简单，参数较少，但其是以蓄满产流为产流基础的，限制了模型的适用范围。同时因模型过于简化，缺失部分中间过程，尤其是在植被密集区，冠层的降雨截留量已经不可忽视。于是，本书就以上问题，研发了基于壤中暴雨流的山区水文模型（subsurface storm flow-based mountain hydrological model，SSFM），如图 3.4 所示。

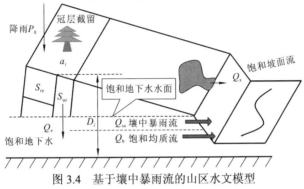

图 3.4　基于壤中暴雨流的山区水文模型

基于壤中暴雨流的山区水文模型实施的具体思路如下。

1）冠层截留

在自然条件下，雨水在下落的过程中会有部分甚至全部水量被植被冠层截留，进而以蒸发的形式损失掉。为了使水文循环过程更加完善，本书引入冠层截留，具体计算过程如下。

假定降雨首先落在冠层上，当截留量达到冠层的最大截留能力时，降雨穿过冠层，剩下的降雨才继续落在地表。同时，冠层蒸发只发生在潮湿的叶面上，干燥的叶面不蒸发。该过程使用的具体公式如下：

$$S^{t+\Delta t} = \begin{cases} S^t + P_0 F - E_i, & S^t + P_0 F \leqslant I_{max} \\ I_{max} - E_i, & S^t + P_0 F > I_{max} \end{cases} \tag{3.42}$$

式中：S^t 为植被截留量，mm；P_0 为降雨量，mm；I_{max} 为冠层的最大截留能力，mm；F 为叶面积比率。文献表明，$I_{max} = 0.2LAI$、$F = 1-\exp(-0.5LAI)$，其中 LAI 为叶面积指数。

对于冠层中湿润叶面的比例 W_{fr} 有

$$W_{fr} = \left(\frac{S^t}{I_{max}}\right)^{\frac{2}{3}} \tag{3.43}$$

在程序里，假设降雨发生在时段初，蒸发发生在时段末。时段初时，假设连续未降雨很久，即时段初 S、E_i 为 0。

2）植被根系区下渗蒸发模式

TOPMODEL 的产流模式为蓄满产流，但对于经常发生短时强降雨的山区来说，该产流模式并不是很适合。为了扩大 TOPMODEL 的适用范围，本节应用改进的霍顿下渗曲线（张光义 等，2007），对 SSFM 的产流部分进行改进。在模型计算中，假设植被根系层的缺水量为改进的霍顿模式产流中土壤表层缺水量。

假设截留后净雨以改进的霍顿模式的下渗率下渗，剩余的降雨为初步产流。下渗的雨量首先对植被根系区进行填充、蒸发，之后如果有溢出，先全部流入下一层非饱和区。该过程使用的公式具体如下。

改进的霍顿下渗计算公式：

$$f_t = f_c + (f_0 - f_c)S_{rz} / S_{r\max} \tag{3.44}$$

式中：f_t 为下渗率，m/h；f_c 为稳定下渗率，m/h；f_0 为土壤含水量为零时的下渗率，m/h；S_{rz} 为缺水量，m；$S_{r\max}$ 最大缺水量，m。

这种情况下，降雨在坡面上的出流产流量为

$$Q_1 = \begin{cases} P - f_t\Delta t, & P - f_t\Delta t > 0 \\ 0, & P - f_t\Delta t \leqslant 0 \end{cases} \tag{3.45}$$

式中：Q_1 为初步坡面产流，m；Δt 为时间间隔，h。

该层土壤除了产流外，还发生蒸发，蒸发量与该层土壤的含水量有关，具体计算如下：

$$E_a = E_p \left(1 - \frac{S_{rz}}{S_{r\max}}\right) \tag{3.46}$$

式中：E_p 为土壤蒸发量，mm。

除去蒸发及土壤的蓄水后，剩余的水量下渗到下一层土壤。下渗量计算公式如下：

$$q_r = \begin{cases} f_t\Delta t - S_{rz} - E_a, & f_t\Delta t - S_{rz} - E_a > 0 \\ 0, & f_t\Delta t - S_{rz} - E_a \leqslant 0 \end{cases} \tag{3.47}$$

式中：q_r 为下渗量，m。

最后更新该层土壤状态，用以提供下一时刻计算的初始状态，公式如下：

$$S_{rz} = \begin{cases} S_{r\max} - E_a, & q_r > 0 \\ S_{rz} - f_t\Delta t - E_a, & q_r = 0 \end{cases} \tag{3.48}$$

3）土壤非饱和区的产流

对土壤非饱和区的产流，上一段土壤中下渗的水，对该层土壤进行填充，同时超过剩余非饱和区最大蓄水深部分的水量作为坡面产流的一部分，以产流的方式变为坡面产流。

首先，计算各点的非饱和层土壤含水能力（SD），以基岩深度代替非饱和区最大蓄水深度，假设基岩深度为 D：

$$\text{SD} = \overline{Z} - D \cdot \left[\ln \left(\frac{a_i}{\tan \beta_i} \right) - \lambda^* \right] \tag{3.49}$$

这样，下渗到饱和含水区的水量为

$$q_v = \frac{S_{uz}}{\text{SD} \cdot t_d} \tag{3.50}$$

式中：t_d 为时间参数，h/m。

这样，各点实际下渗水量为

$$q_v \Delta t = \begin{cases} q_v \Delta t, & q_v \Delta t > q_r + S_{uz} \\ q_r + S_{uz}, & q_v \Delta t \leqslant q_r + S_{uz} \end{cases} \tag{3.51}$$

则总的下渗率：

$$Q_v = \sum_i q_v \cdot A_i \tag{3.52}$$

由此，下渗填充后剩余部分表示为另一部分的坡面产流量：

$$Q_2 = \begin{cases} q_r + S_{uz} - q_v \Delta t - \text{SD}, & q_r + S_{uz} - q_v \Delta t - \text{SD} \geqslant 0 \\ 0, & q_r + S_{uz} - q_v \Delta t - \text{SD} < 0 \end{cases} \tag{3.53}$$

最终，总的坡面产流为

$$Q_s = Q_1 + Q_2 \tag{3.54}$$

4）饱和地下水区的壤中暴雨流

因为计算过程应满足水量平衡原理，假设壤中暴雨流流量为 Q_{ss}，于是，SSFM 中饱和均质流为

$$Q_b = Q_v - \sum_i Q_{ss} \cdot A_i \tag{3.55}$$

最后，更新土壤状态：

$$\overline{Z}^{t+1} = \overline{Z}^t - \sum \frac{Q_b^t}{A_i} \Delta t \tag{3.56}$$

5）汇流模块的改进

虽然本节中增加了植被冠层，并改进了坡面的产流模式，但就汇流过程，整个模型仅增加了壤中暴雨流部分。于是，对于 SSFM 的汇流部分仅需增加壤中暴雨流的汇流过程，同时为了使坡面汇流的计算更为精确，SSFM 的坡面汇流使用 Nash 瞬时单位线的汇流模式。

Nash 瞬时单位线的表达式如下：

$$u(0,t) = \frac{1}{k\Gamma(n)} \left(\frac{t}{k} \right)^{n-1} Eu^{-\frac{1}{k}} \tag{3.57}$$

式中：k 为蓄泄系数；n 为线性水库的个数；Γ 为伽马函数；Eu 为欧拉数。

对于壤中暴雨流，假设其与坡面汇流相似，则

$$t_i = \frac{L_i}{S_v} \tag{3.58}$$

式中：S_v 为壤中暴雨流速度。这样，总的汇流量为三者求和计算。

基于壤中暴雨流的 SSFM 的结构如图 3.5 所示，其模拟效果在 3.2～3.6 节中详细阐述。

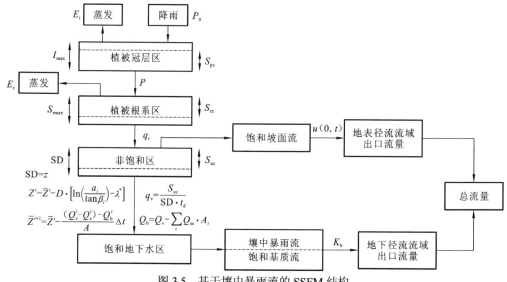

图 3.5　基于壤中暴雨流的 SSFM 结构

3.1.5　河道洪水演进模型

基于圣维南方程组构建的河道洪水演进模型是一种简单的体积守恒模型，是一个二维流变模型，适用于山洪灾害模拟，以获得最大淹没深度、水流速度、冲击力等山洪灾害评价指标。它的运行是通过在一系列网格上进行径流运动，以用于坡面汇流或河道演算。模拟时，洪波在流场中的传播受地形和水流阻力的控制。二维洪水演算通过水流或高含沙水流的运动方程和流体体积守恒的数值积分完成。

对于洪泛区，该模型是多向流动模型，通过计算一个方向上的网格单元边界上的平均流速推求运动方程。每一个网格默认有 8 个潜在流向，即东、西、南、北、东南、东北、西南、西北。每个方向的速度都是一维计算的，并且都独立于其他 7 个方向求解。

构成河道洪水演进模型的流体运动方程主要为连续性方程和动量方程：

$$\frac{\partial h}{\partial t} + \frac{\partial hV}{\partial x} = i \tag{3.59}$$

$$S_f = S_0 - \frac{\partial h}{\partial x} - \frac{V}{g}\frac{\partial V}{\partial x} - \frac{l}{g}\frac{\partial V}{\partial t} \tag{3.60}$$

式中：h 为水流深度；x 为 8 个流动方向之一；V 为 8 个流动方向之一的深度平均速度；i 为降雨强度；S_f 为摩擦斜率分量；S_0 为河床坡度（O'Brien，2009）。

3.2　官山河流域山洪模拟

3.2.1　多模型模拟结果比较

　　将 SSFM 与 TVGM、TOPMODEL 和新安江三水源模型在官山河流域的场次洪水模拟结果进行比较,具体模拟结果误差分析及场次洪水模拟过程线参照表 3.1 和图 3.6。从洪峰误差来看,SSFM 模拟结果中仅有 2 场洪水模拟的洪峰误差小于 30%,TVGM 模拟结果中仅有 1 场洪水模拟的洪峰误差小于 30%,TOPMODEL 和新安江三水源模型模拟结果中洪峰误差均大于 30%。就整体的平均洪峰误差来看,SSFM 的平均洪峰误差为 39.73%,属于 4 个模型中平均洪峰误差最小的,TVGM 平均洪峰误差为 49.77%,TOPMODEL 平均洪峰误差为 52.09%,新安江三水源模型平均洪峰误差为 49.36%,都超过 45%。从峰现误差来看,四个模型模拟结果的峰现时间误差都较小,SSFM、TOPMODEL 和新安江三水源模型有 7 场洪水的峰现误差不大于 3 h,TVGM 有 6 场洪水的峰现误差不大于 3 h。从洪量误差来看,在 10 场洪水模拟过程中,SSFM、TOPMODEL、TVGM 和新安江三水源模型分别有 8、5、7、9 场洪水模拟的洪量误差小于 30%,对于整体的洪量误差平均值,新安江三水源模型效果最好,为 20.08%,其次为 SSFM,为 24.36%,TOPMODEL 和 TVGM 分别为 31.77% 和 27.92%。图 3.6 展示了官山河 "20090527" 号洪水的模拟效果,4 个模型都能较好地模拟出该场洪水过程线形状,但模拟的洪峰流量都偏低。其中,SSFM 模拟的洪峰效果最好,洪峰误差为 -19.12%,峰现误差为 2 h,洪量误差为 46.07%。综合分析来看,SSFM 在官山河山洪模拟中效果相对较好,新安江三水源模型次之。

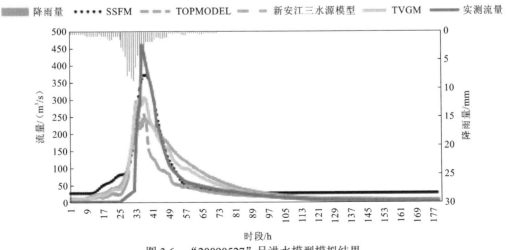

图 3.6　"20090527" 号洪水模型模拟结果

表3.1 官山河模拟结果误差分析表

时期	序号	洪号	洪峰误差/%				峰现误差/h				洪量误差/%			
			新安江三水源模型	TVGM	TOPMODEL	SSFM	新安江三水源模型	TVGM	TOPMODEL	SSFM	新安江三水源模型	TVGM	TOPMODEL	SSFM
率定期	1	19730906	-47.84	3.33	-53.14	-33.91	-4	-5	1	0	-26.57	54.96	37.02	-21.82
	2	19750809	-79.43	-57.98	-70.96	-52.87	14	-9	2	-6	-20.67	20.5	-46.55	25.82
	3	19770718	-51.77	-49.93	-54.27	-46.90	1	-3	3	3	-16.43	-1.42	22.34	-28.63
	4	19800908	-37.31	-54.18	-40.9	-38.18	0	-1	1	1	-8.09	-18.75	21.73	-25.57
	5	19840928	-32.62	-57.10	-38.2	-36.96	-2	-2	-1	-2	-10.96	-28.83	44.59	-20.67
	6	19831019	-45.52	-41.94	-50.75	-28.34	0	-3	-4	1	-0.52	-15.35	-38.90	9.69
检验期	7	20090527	-46.57	-33.49	-35.9	-19.12	1	1	-3	2	25.89	15.57	-15.56	46.07
	8	20100825	-48.88	-70.64	-58.04	-39.44	5	5	6	5	-20.2	-37.31	-18.32	-4.61
	9	20100608	-69.66	-77.48	-69.01	-67.23	-2	-4	-1	-1	-63.14	-62.49	-47.97	-41.97
	10	20100906	-34.00	-51.67	-49.72	-34.32	3	3	5	-12	-8.28	-24.04	-24.75	-18.74
		平均值	-49.36	49.77	52.09	39.73	—	—	—	—	20.08	27.92	31.77	24.36

3.2.2　洪灾模型模拟结果

1. 设计洪灾及历史洪灾模拟结果

以官山河流域为例，模拟山洪灾害致灾情况。提取 DEM 数据，进行子流域划分，获得 8 个支流流域和 1 个干流流域，并根据 DEM 精度构建 SSFM 网格大小。以 2012 年 8 月 5～6 日特大山洪灾害为例，对各子流域采用 SSFM 进行模拟，获得子流域出口流量过程线，如图 3.7 所示，此结果将用于导入河道洪水演进模型。

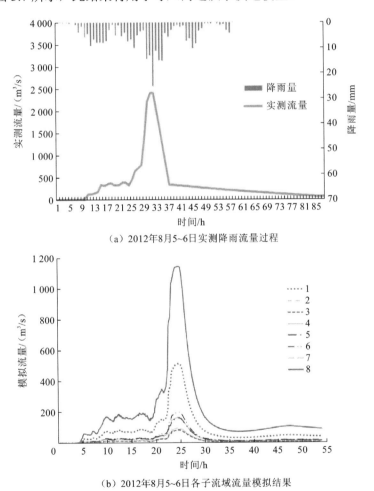

（a）2012年8月5～6日实测降雨流量过程

（b）2012年8月5～6日各子流域流量模拟结果

图 3.7　2012 年 8 月 5～6 日实测降雨流量过程及各子流域流量模拟结果

建立洪灾模拟流域模型，将填洼后的数字高程数据在 ArcGIS 中转化为 ASCII 格式，导入数值模拟软件，单位为 m，创建大小为 10 m×10 m 的网格图层。导入 shape 格式的流域边界为计算边界，统计得干流区域网格总数为 163 512 个，每一网格对应一个编号。基于导入的 DEM 数据，对每一网格插值获得网格高程点，每个网格的高程数据的计算至少参考两个相邻网格高程数据。对照支流与干流区域汇流口位置，获取其网格编号，对 8 个汇流口输入基于 SSFM 模型模拟的"20120806"号洪水所得的流量过程线。

根据美国霍尔顿编制的《天然河道糙率表》可知，对于山区小河流，当河底有卵石和大孤石时，其糙率（即曼宁系数）取值为最小值 0.040，正常值为 0.050，最大值为 0.070，初次建模选取正常值 0.050 作为糙率。对于洪泛区科朗特系数和表面滞留数值稳定系数，根据溪流洪水特点，选择默认值 0.6 和 0.03 作为初始值，用于推求流动深度。

经过率定，对插值有偏差的高程数据进行修正，并采用不同曼宁系数进行模拟，最终通过比较，选择干流河道曼宁系数为 0.060，科朗特系数为 0.6，表面滞留数值稳定系数为 0.03 作为模型参数进行计算。

使用构建的洪灾模拟流域模型对"20120806"号实测洪水进行模拟，获得事故点灾害模拟情况，包括淹没深度、水流速度和冲击力，见表 3.2。

表 3.2 "20120806"号洪水灾害模拟结果与实际情况对比

事故点号	淹没深度/m	水流速度/（m/s）	冲击力/（MN/m）	受灾情况	受灾程度	符合情况
1	4.98	5.42	7.00	房子上水约 6 m，人员伤亡	严重	√
2	5.06	5.36	6.33	项目部被冲毁，人员伤亡	严重	√
3	3.52	0.82	0.12	水淹没至桥拱	较严重	√
4	4.41	4.61	3.25	房子全淹，上水 1.2 m	严重	√
5	4.00	3.44	1.78	房子上水 0.8 m	严重	√
6	5.46	6.19	8.65	房子上水	严重	√
7	1.30	1.20	0.09	房子受淹	较轻	√

由模拟结果与实际情况的对比可知，在调查中存在房屋上水、淹没等情况的事故点如 1 号、4 号、5 号、6 号、7 号点，其模拟结果与实际结果基本一致，模拟所得淹没水深及水流速度均较大，与受灾程度情况相符。在 2 号点的实际调查中，高速公路项目部被冲毁，其模拟所得水流速度及冲击力数值均较其他点位更大，与受灾情况相符。在 3 号点的实际调查中，桥梁遭到淹没损失，结合桥梁距水面高度分析可知，模拟所得与淹没水深情况相符。因此可认为，经过参数率定与模型调试后，构建的洪灾模拟流域模型可用于官山河干流山洪灾害模拟。

采用同倍比放大法推求获得五年一遇、十年一遇、二十年一遇、五十年一遇及百年一遇设计洪水，并基于 SSFM 和河道洪水演进模型，对设计洪水灾害进行模拟，"20120806"号洪水及设计洪水灾害模拟结果如图 3.8 所示。

由图 3.8 可知，设计洪水频率越小，其可能造成的灾害程度越大，洪水发生的概率和洪水大小呈反比关系。

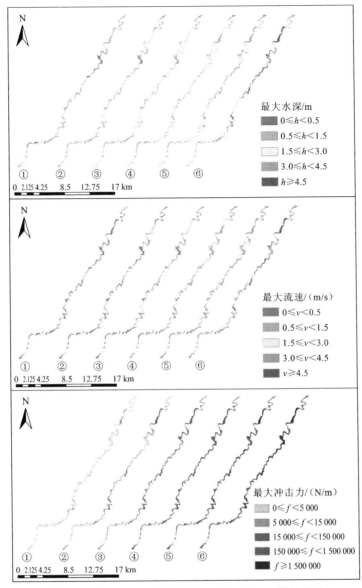

图 3.8　"20120806"号洪水及设计洪水灾害模拟结果

①～⑥分别表示五年一遇、十年一遇、二十年一遇、五十年一遇、百年一遇设计洪水及"20120806"号洪水

洪水危险性由洪水频率和强度共同决定。根据《山洪灾害分析评价技术要求》(全国山洪灾害防治项目组,2014a),可由五年一遇、二十年一遇、百年一遇的洪水位,确定危险区等级。

由于洪水强度通常与洪峰水位、最大流速等洪水特征值有关,故为衡量洪水强度,参照 OFEE 等(1997)提出的衡量标准,以五年一遇、二十年一遇、百年一遇设计洪水计算结果为基础,根据最大淹没深度 h 及最大水流速度和最大淹没深度的乘积 vh 来定义洪水强度,见表 3.3。

表 3.3 洪水强度定义

洪水等级	洪水强度	最大淹没深度 h/m	关系	最大水流速度和最大淹没深度的乘积 vh/（m²/s）
1	低	$0 < h < 1$	和	$0 < vh < 2$
2	中	$1 \leqslant h < 2.5$	或	$2 \leqslant vh < 10$
3	高	$h \geqslant 2.5$	或	$vh \geqslant 10$

根据洪水强度的定义，计算"20120806"号洪水和五种频率下设计洪水强度，如图 3.9 所示。

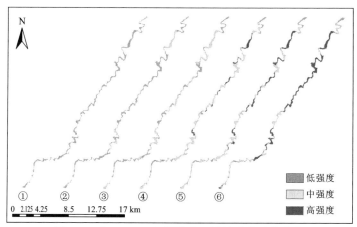

图 3.9　"20120806"号洪水及设计洪水强度分布

①～⑥分别表示五年一遇、十年一遇、二十年一遇、五十年一遇、百年一遇设计洪水及"20120806"号洪水

统计"20120806"号洪水和五种频率下设计洪水强度情况，即各洪水强度等级占总强度分布的比例，如表 3.4 所示。

表 3.4　洪水强度分布情况 （单位：%）

洪水类别	强度等级 1 比例	强度等级 2 比例	强度等级 3 比例
"20120806"号洪水	20.49	31.09	48.42
五年一遇设计洪水	100.00	0.00	0.00
十年一遇设计洪水	79.94	20.06	0.00
二十年一遇设计洪水	57.86	42.14	0.00
五十年一遇设计洪水	33.28	51.56	15.16
百年一遇设计洪水	26.06	45.64	28.30

由表 3.4 可知，设计频率越小的洪水，其可能造成的洪水强度越大，且可能造成高等级强度洪水的比例越大。

　　根据《山洪灾害分析评价技术要求》，通过洪水频率划分洪水危险等级，考虑设计洪水频率下的洪水强度，计算获得官山河干流危险分布情况，由官山河干流山洪灾害危险分布计算结果可得危险等级分布情况，分析各危险等级面积占干流区域面积及危险区总面积比例，如表 3.5 和图 3.10 所示。

表 3.5　官山河干流区域危险分布

危险等级	洪水重现期 m/年	频率	面积/km^2	占危险区总面积比例/%	占干流区域面积比例/%
危险	100	稀遇发生频次	1.72	25.99	10.52
高危险	20	中等发生频次	3.02	45.74	18.47
极高危险	5	较高发生频次	1.87	28.28	11.44
干流区域面积/km^2			16.35		

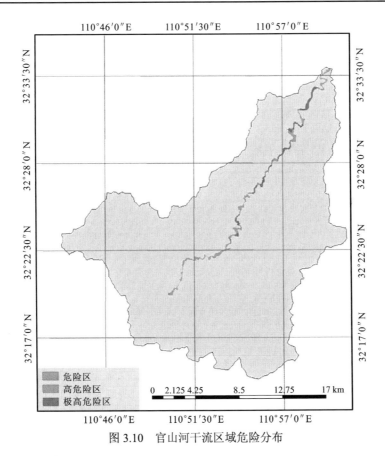

图 3.10　官山河干流区域危险分布

　　由表 3.5 和图 3.10 结果可知，官山河灾害分布沿河较密集。其中，高危险区面积占危险区总面积的比例最高，为 45.74%，主要分布在中游；其次是极高危险区，占 28.28%，主要分布在中下游；危险区占 25.99%，主要分布在上游。这表明，如果人们生活在中下游地区，风险会更大。由此，进一步分析人类居住区的危害分布。

在过去的几十年里，中国经济发展迅速。根据人口普查数据，官山河流域的总人口数在过去几年中出现了波动，如图3.11所示。官山河沿河人口数量呈现为先上升后略有下降趋势。图3.12表明官山河沿岸的房屋分布遵循同样的规律。随着经济的发展，原本生活在山上的人们为了寻求更好的生活条件越来越多地移居到河边。

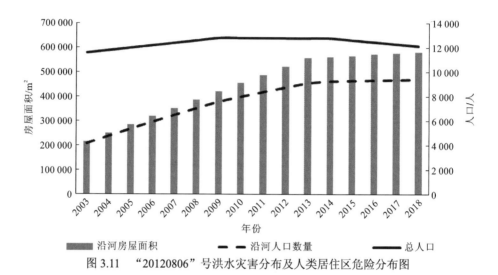

图 3.11　"20120806"号洪水灾害分布及人类居住区危险分布图

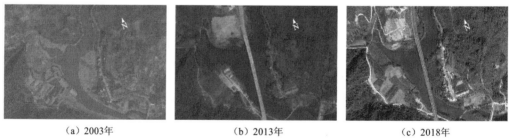

| （a）2003年 | （b）2013年 | （c）2018年 |

图 3.12　2003年、2013年和2018年官山河沿岸房屋的变化

图片来自 Google Earth SPOT-5 卫星

对于区域经济发展而言，与人类活动相关因素的分布是最重要的，包括人口、房屋和田地的分布。由于山洪灾害区与人类居住区有着密切的关系，在空间和时间尺度上对人类居住区和山洪灾害区进行对比。以人口普查数据为基础，选取质量较好的遥感影像进行反演，确定官山河流域2003年、2013年、2018年的人口和房屋分布情况，分析官山河流域危险区的分布情况（图3.13）。通过 Google Earth 在遥感影像上确定研究区域的位置，得到房屋和田地的分布情况。

为进一步评价官山河流域山洪灾害风险状况，建立山洪灾害风险因子 RSAF，如式（3.61）所示：

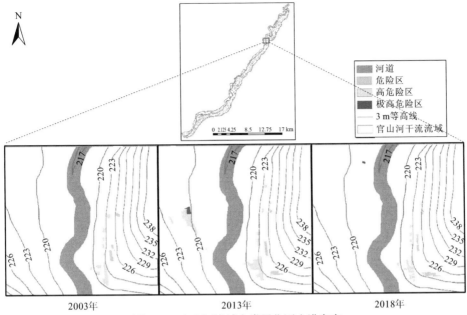

图 3.13 官山河流域人类居住区山洪灾害

灰色河流为示意图，官山河河床常为裸露状态

$$RSAF = \frac{\alpha \times R + \beta \times H + \gamma \times E}{TA} \tag{3.61}$$

式中：R、H 和 E 分别为危险区、高危险区和极高危险区；α、β 和 γ 分别为 R、H 和 E 的权重；TA 为模拟流域的总面积。根据我国《地质灾害防治条例》（中华人民共和国国务院，2004），山洪灾害等级以经济损失程度为依据进行评价，当直接经济损失为大于 1 000 万元、500～1 000 万元、100～500 万元和小于 100 万元时山洪灾害等级为特大型、大型、中型和小型山洪灾害。因此，可以将 100 万元、500 万元和 1 000 万元经济损失额作为阈值。为了更简洁地表示式（3.61），采用经济损失百分比作为权重，即 α、β 和 γ 分别取 1/16、5/16 和 10/16。

为了更清楚地比较山洪灾害的风险状况，基于 RSAF，计算了不同年份不同危险程度的增长率，如式（3.62）所示：

$$增长率 = \frac{a-b}{b} \times 100\% \tag{3.62}$$

式中：a 为后一年份的 RSAF；b 为前一年份的 RSAF。例如，比较 2003 年和 2013 年不同危险等级的 RSAF，则 a 代表 2013 年的 RSAF，b 代表 2003 年的 RSAF（Chen et al., 2020）。

由式（3.61）计算出 2003 年、2013 年、2018 年山洪灾害的 RSAF，见表 3.6。为了更清楚地比较 2003 年、2013 年和 2018 年山洪灾害的风险状况，根据计算出的 RSAF，计算了 2003 年和 2013 年、2003 年和 2018 年及 2013 年和 2018 年不同危险等级的增长率，见表 3.6。

表 3.6 官山河干流人类居住区灾害分布情况

危险等级	危险区面积/m²			RSAF			增长率/%		
	2003 年	2013 年	2018 年	2003 年	2013 年	2018 年	2003 年/2013 年	2003 年/2018 年	2013 年/2018 年
危险	13 416	38 210	36 133	0.05	0.15	0.14	185	169	−5
高危险	38 141	72 261	57 571	0.73	1.38	1.10	89	51	−20
极高危险	9 564	29 283	24 700	0.37	1.12	0.94	206	158	−16
总和	61 121	139 754	118 404	1.15	2.65	2.18	—	—	—

由图 3.13 和表 3.6 可知，随着时间推移，三个等级的危险区基本呈现先升后降的趋势，这一趋势与沿河人口变化趋势基本一致。高危险区的 RSAF 始终大于同一年份的危险区和极高危险区。这意味着，对于官山河流域而言，人类居住区发生山洪灾害的风险先升高后略有下降。

在空间尺度上，下游地区沿河人口和房屋的增长幅度大于中上游地区。因此，山洪灾害的高危险区和极高危险区在下游地区的分布总是大于中上游地区。这可能是因为下游地区水资源较为丰富，地形平坦，交通便利，所以下游地区更适宜居住，居民也更多向下游地区迁移。

根据计算的 RSAF，无论年份，高危险区的影响最大，其次是极高危险区，最小的是危险区。虽然极高危险区面积不大，但山洪灾害风险最高，因此对山洪灾害风险状况影响较大。由此可见，RSAF 能直观地反映官山河流域山洪灾害的风险状况。洪水灾害图能很好地判断风险的空间分布。然而，它只是一个静态的评价因子，还需要一个更全面的因子来直观、动态地量化洪水风险。RSAF 实际上是对典型洪水灾害图的进一步总结，考虑了人类居住区随时间的变化，可用于区域长期规划的综合评估。

在增长率方面，与 2003 年相比，2013 年极高危险区增长率最大，2018 年危险区增长率最大。与 2013 年相比，2018 年的高危险区的降低率最高，其次是极高危险区。2003 年以来，随着区域经济的发展，越来越多的居民迁往河谷地带，主要集中在危险区和极高危险区，增加了整体山洪灾害的风险。2013~2018 年，生活在高危险区和极高危险区的居民人数减少。很可能是由于 2012 年 8 月 5 日山洪灾害造成了巨大损失，于是当地居民搬离了高风险区和极高危险区。

与此同时，由于经济的发展，人们经常搬到经济较好的沿河城镇寻求更好的生活条件。但在房屋建造的选择上，应尽量避开山洪灾害的高危险区和极高危险区，以确保安全。

2. 2012 年及 2020 年洪水结果对比

2020 年 8 月 20 日，官山河流域发生特大暴雨，造成官山河水位迅速上涨，在部分地区，水位漫过路面（图 3.14）。该场洪水与官山河流域 2012 年的特大山洪相似，为了进一步研究山洪的形成规律，并与 2012 年特大山洪进行对比，沿流域进行了洪水调查。

图 3.14　2020 年 8 月 20 日官山河流域洪水

调查方法主要采用三种：①对当地居民进行走访，询问相关信息（图 3.15）；②在岸边植物及桥墩、堤防等建筑上找寻刚刚过去的洪水的痕迹，特别是最高水位（图 3.16、图 3.17）；③测量退洪后的水位，并与最高水位进行对比（图 3.18）。

图 3.15　2020 年 8 月 21 日走访赵家坪居民

图 3.16　新建建筑加高地基

图 3.17　洪水曾漫过树杈的痕迹

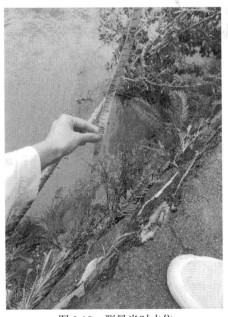

图 3.18　测量当时水位

本次调查从官山河干流的上游至下游沿岸进行，选取沿岸 15 个点位进行调查，包括 2012 年特大洪水的事故点和高风险区，具体位置如图 3.19 所示，调查结果汇总见表 3.7。

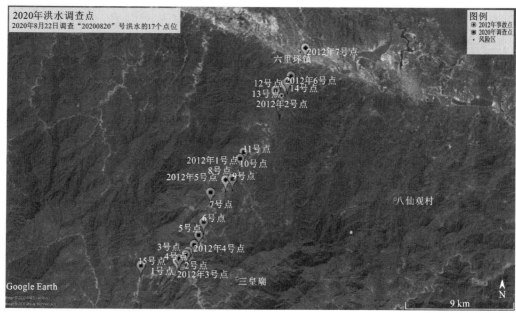

图 3.19　2020 年洪水调查点

根据初步洪水调查的结果，"20200820"号洪水比"20120806"号洪水小，但比近年发生的其他洪水都大。调查显示，河漫滩植被倒伏严重，部分地区洪水漫过路面、冲毁护栏，但并未造成人员伤亡。调查可知，在 2020 年 8 月洪水中，曾经在 2012 年受灾的地点，均受到损害。实地考察发现，官山镇当地新建的建筑普遍加高了地基，尽量避免洪水带来的损失，且前期由于施工造成的河道侵占问题大有改善，这也是"20200820"号洪水给当地居民造成的损失较 2012 年更小的原因之一。

获取 2020 年最新水文年鉴数据，根据洪水水文要素摘录表和降雨摘录表统计"20200820"号洪水降雨径流过程，通过泰森多边形法插值获得面雨量，并采用基于壤中暴雨流的山区水文模型进行模拟分析，绘制"20120806"号洪水和"20200820"号洪水过程如图 3.20 所示。采用前文的模型模拟"20200820"号洪水情况，与"20120806"号洪水进行对比，绘制如图 3.21 所示。

表 3.7　调查结果汇总表

序号	调查时间	经纬度	位置	海拔/m	洪水最高水位位置/m	调查时水面位置	两者相差/m
1	8:00	110°52′18″E, 32°22′43″N	五龙庄园旁的桥下	298	294.9	293.3	1.6
2	8:13	110°52′39″E, 32°22′54″N	桥缘宾馆对面的桥下	298	294.95	293.4	1.55
3	8:34	110°52′47″E, 32°23′02″N	2 号点下游 200～300 m 处，两河三汊口	303	303.4	298.6	4.8
4	8:48	110°53′06″E, 32°23′19″N	袁家台	289	291	286	5
5	9:02	110°53′20″E, 32°23′45″N	大坪	306		山体滑坡	
6	9:30	110°53′29″E, 32°23′55″N	大坪桥	287	275.4	272	3.4
7	9:49	110°53′57″E, 32°25′37″N	大明峰入口	266	258.7	256.7	2
8	10:12	110°54′45″E, 32°26′12″N	官亭村	246	245.3	241.55	3.75
9	12:11	110°55′06″E, 32°26′13″N	官亭村下游大约 500 m 处	258	258	能观察到明显的壤中暴雨流现象	
10	12:25	110°55′30″E, 32°27′06″N	高速桥下，有一块刻有"开放"字样的石头	241	241.2	237.7	3.5
11	12:36	110°55′42″E, 32°27′23″N	孤山站	246	246.4	242	4.4
12	13:13	110°57′23″E, 32°30′06″N	官山水库	214	206.5	203	3.5
13	13:20	110°58′01″E, 32°30′28″N	八亩地	200	195.7	193	2.7
14	13:32	110°58′12″E, 32°30′43″N	八亩地下游约 500 m 处	207	208.5	204.2	4.3
15	16:59	110°50′15″E, 32°22′25″N	生态水文实验站	332	332	329.2	2.8

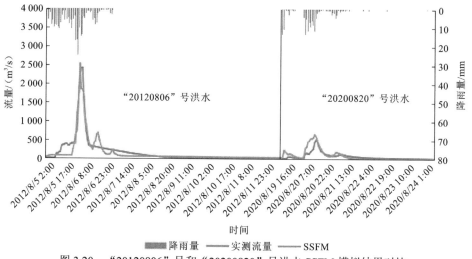

图 3.20　"20120806" 号和 "20200820" 号洪水 SSFM 模拟结果对比

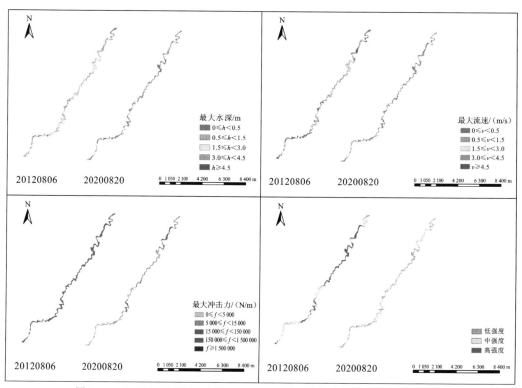

图 3.21　"20120806" 号和 "20200820" 号洪水官山河洪灾模拟结果对比

　　根据 "20120806" 号和 "20200820" 号洪水模拟结果，分析对比整体模拟情况和 2012 年事故点情况，见表 3.8 和表 3.9。

表 3.8   "20120806"号和"20200820"号洪水模拟结果

洪号	NSE	洪峰误差/%	洪量误差/%	峰现误差/h	最大淹没水深/m	最大流速/（m/s)	最大冲击力/（MN/m)
20120806	0.882	4.77	-4.94	-1	6.15	7.30	13.36
20200820	0.950	26.89	20.85	0	2.52	2.68	0.42

表 3.9   "20120806"号和"20200820"号洪水事故点灾害指标模拟结果

洪号	事故点	最大水深/m	最大流速/（m/s)	最大冲击力/（MN/m)
20120806	1	4.98	5.42	7.00
	2	5.06	5.36	6.33
	3	3.52	0.82	0.12
	4	4.41	4.61	3.25
	5	4.00	3.44	1.78
	6	5.46	6.19	8.65
	7	1.30	1.20	0.09
20200820	1	1.15	0.40	0.008
	2	2.32	1.38	0.173
	3	1.12	0.32	0.006
	4	1.38	0.68	0.029
	5	0.61	0.22	0.001
	6	2.28	1.44	0.219
	7	0.50	0.79	0.016

根据实测结果，2012 年 8 月 4～6 日面雨量 282.43 mm，8 月 6 日 2:00 流量最大，为 2 410 m³/s；2020 年 8 月 19～21 日面雨量 144.81 mm，8 月 20 日 17:05 流量最大，为 520 m³/s。"20200820"号洪水面雨量大约为"20120806"号洪水的一半，而洪峰流量为"20120806"号洪水的 1/4。

由图 3.20 及表 3.8 可知，通过 SSFM 模拟"20200820"号洪水获得的结果，洪峰误差为 4.77%，洪量误差为-4.94%，峰现时间提前 1 h，可以认为 SSFM 模拟结果较好。用相同的参数模拟"20200820"号洪水，结果显示纳什效率系数为 0.950，洪峰误差为 26.89%，洪量误差为 20.85%，峰现时间误差为 0。根据 SSFM 模拟预测的结果，理论上 2020 年 8 月降雨量造成的洪峰流量应为 653 m³/s，而实际上测得的洪峰流量为 520 m³/s，根据这一结果猜测，"20200820"号洪水相比于"20120806"号洪水，可能会造成较少损失，需进一步进行洪灾模拟分析。

进一步对图 3.20 和表 3.9 分析可知，对"20120806"号洪水模拟，获得的最大淹没水深 6.15 m，最大流速 7.30 m/s，最大冲击力 13.36 MN/m，调查所得 7 个事故点的模拟结果与实际结果基本一致，可认为模型模拟结果基本符合实际。对"20200820"号洪水模拟，获得的最大淹没水深 2.52 m，最大流速 2.68 m/s，最大冲击力 0.42 MN/m，2012年调查所得的 7 个事故点的模拟结果与实际情况基本一致，且由图 3.20 可知，"20200820"号洪水的洪水强度均为低、中强度，小于 20 年一遇的洪灾模拟结果。洪灾模拟结果进一步证明，尽管从实测降雨量看，"20200820"号洪水理论上会形成较大洪水，但实际上，洪峰流量较小，且未造成严重的损失。

综合现场调查、实测流量、降雨径流模拟结果和洪灾模拟结果，可知前文中，很可能是由"20120806"号山洪灾害造成了巨大损失，导致当地居民避开居住于高危险和极高危险区，进而降低洪水风险的猜测基本成立。

3.3　望谟河流域山洪模拟

3.3.1　区域概况

望谟河流域位于贵州省望谟县中部，在广西丘陵和云贵高原的过渡地带上，发源于望谟县打易镇，左岸汇入北盘江。河流全长 74 km，落差 1 050 m。地理位置坐标位于 106°02′~106°12′E，25°09′~25°23′N。地势南低北高，边缘高中部低，流域中最高海拔 1 675 m，最低海拔 545 m，主要地形包括山地、丘陵和河谷盆地，地形破碎，其中山地占 76.8%，多分布于望谟县中部以北地区，海拔均超过 1 500 m；丘陵占 20.4%，主要分布在望谟县中部地区。地质以盐酸盐和碎屑岩为主，望谟河河床坡度大，水土流失现象严重。流域内植被种类丰富且覆盖率较高，达 90%以上（高婧 等，2015）。

望谟河是北盘江的一级支流，属于山区雨源型河流（高婧，2015），流域总面积 554 km²，河流全长 74 km，落差 1 050 m，平均比降 14.2%。流域地处丘陵地区，河流纵横，河道众多，地形起伏变化较大，利于雨水汇集，雨水汇流速度快。望谟县境内河流属于珠江流域红水河水系，大部分发源于北部中山山区，境内大部分河流属于季节性山区河流，汛期降雨集中，汛期一般在 5~8 月，河水暴涨暴落。望谟河流域内有望谟站一个水文站和打易站、纳过站两个雨量站，具体分布位置如图 3.22 所示。流域内地形山高、坡多、谷深且雨季望谟河流域降雨量大，使得该流域内极易发生山洪和泥石流等地质灾害。

气候方面，望谟河流域的地理位置让望谟河流域有着复杂的气候条件，主要表现为亚热带季风湿润气候，雨热同期，冬季寒冷夏季炎热，主要受到西南季风和东南季风的影响，平均气温为 19.5 ℃，平均最低气温为 15.3 ℃，平均最高气温 24.8 ℃，无霜期接近 340 天（赵星，2015）。望谟河流域气候湿润，空气中含水量较高，年平均相对湿度达到 79.2%（高婧，2015）。

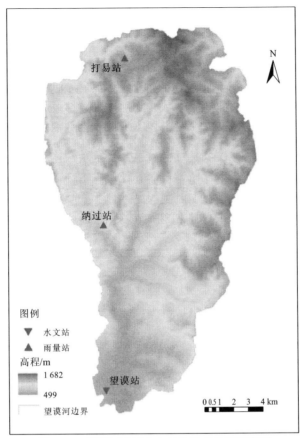

图 3.22　望谟河流域水文气象站点位置示意图

　　望谟河流域降雨量大，且降雨时间和空间分布均非常不均匀，平均降雨量达 1 352.8 mm，在时间分布上暴雨多发在夏季，每年平均总降雨天数达 154 天，暴雨多发时段在 5～10 月，这 6 个月中集中了整年大概 82%的降雨量（赵星，2015），5～6 月降雨尤为突出，占全年降水量的三分之一，所以 5～6 月易发生山洪等地质灾害。降雨在空间分布上为地势较高处降雨较大，地势较低处降雨较小。

　　望谟河流域在汛期易发生泥石流等山洪灾害，在 1979～2013 年望谟河共发生过 19 场大型洪水（高蜻，2015），其中历史特大洪水包括 2006 年 6 月（十年一遇）、2008 年 5 月（三十年一遇）等，2011 年 6 月年最大 24 h 暴雨甚至达到了五百年一遇。其中 2006 年 6 月 12 日晚到 13 日凌晨，望谟县除东南部以外大部分地区遭受强降雨袭击（张承凤和许明金，2009），降雨一路沿着望谟河流向移动，并且引发了望谟河周边诸多河流的响应，各条河流均产生了不同程度的洪水，其中望谟河产生的洪水最大，历史罕见，洪水重现期达 50 年的降雨量，造成惨重的人口和经济损失，经统计此次洪水造成 30 人死亡，20 人失踪，有 206 人受到了不同程度的伤害，受灾人口多达 16.53 万人，造成直接或间接经济损失共计 9.28 亿元（张承凤和许明金，2009）。2011 年 6 月 5 日晚到 6 日凌晨，望谟县发生持续性暴雨,望谟河上游打易站测得年最大 24 h 暴雨相当于五百年一遇(李莎和曾勇,2012),属于特大洪水,截至 6 月 8 日统计结果洪水造成望谟县 21 人死亡,31 人失踪,直接经济损失超过 10 亿元。经中国广播网报道,望谟县 6 年发生 3 次特大洪水,直接经济损失接近 40 亿元,许多建筑设施几年来被反复损坏。

3.3.2 多模型模拟结果比较

利用新安江三水源模型、SSFM 和 TVGM 分别对望谟河流域 2012~2013 年 4 场洪水的降雨径流数据进行模拟,模拟结果见表 3.10。

表 3.10 水文模型模拟结果

次洪编号	洪峰误差/%			峰现时间误差/h			洪量误差/%		
	新安江三水源模型	SSFM	TVGM	新安江三水源模型	SSFM	TVGM	新安江三水源模型	SSFM	TVGM
20120521	-2.8	9.7	1.5	26	23	24	-13.0	-4.6	-2.2
20120611	-56.6	-37.1	-54.8	3	-1	1	-24.4	-1.5	-16.3
20120628	-38.1	-16.7	-22.4	-1	-28	-2	-27.9	-35.0	2.6
20130601	71.5	63.4	60.6	4	0	1	157.8	125.6	166.8
平均值	42.25	31.73	34.83	—	—	—	55.78	41.68	46.98

从洪峰模拟结果来看,各场次洪水中,新安江三水源模型模拟的洪峰流量误差最小为 -2.8%,误差平均值 42.25%;TVGM 的洪峰流量误差最小为 1.5%,平均误差为 34.83%;SSFM 模拟效果最好,洪峰流量最小为 9.7%,平均误差为 31.73%。综合分析,SSFM 在洪峰流量上的模拟结果较好。

从洪量模拟结果来看,各场次洪水中,新安江三水源模型模拟的 3 场洪水的洪量误差在 30%以内,另 1 场洪水模拟误差较大,平均误差为 55.78%;SSFM 模拟的结果中,2 场洪水的洪量误差在 5%以内,平均误差为 41.68%;TVGM 模拟的结果中,2 场洪水的洪量误差在 3%以内,平均误差为 46.98%。SSFM 在洪量上的模拟结果较好。

图 3.23~图 3.25 分别展示了 3 场典型的洪水模拟过程。从图 3.23 可以看出"20120611"号洪水的各模型模拟的整场洪水过程线比较符合实际洪水过程线,洪水起涨点和退水过程线均比较符合实际情况,但洪水的实测洪峰流量较大,而各个模型的模拟洪峰流量偏小,其中 SSFM 的洪峰模拟值最接近实测值。从"20120628"号洪水的模拟结果图(图 3.24)可以看出,该洪水为双峰洪水,流量最大值出现在第二个洪峰,新安江三水源模型和 TVGM 模拟的洪水过程线和洪峰比较符合实际情况,但 SSFM 模拟的流量最大

值出现在第一个洪峰。各个模型模拟的第二个洪峰均小于实测值,第一个洪峰则有大有小。总体来说,TVGM 的模拟效果较好。从"20130601"号洪水的模拟结果图(图 3.25)可以看出,各模型模拟的洪水过程线较实测洪水整体上移,SSFM 和 TVGM 的峰现时间模拟得比较准确。总的来说,SSFM 模拟的洪水过程线形状比较符合实际情况。

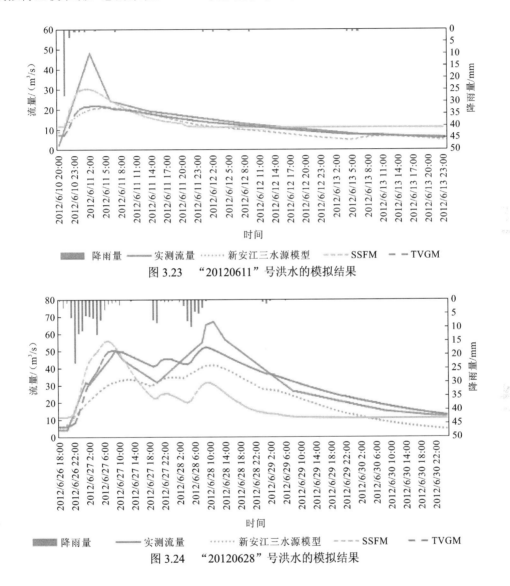

图 3.23　"20120611"号洪水的模拟结果

图 3.24　"20120628"号洪水的模拟结果

综合洪峰、洪量和峰现时间及典型场次洪水模拟过程线来看,SSFM 在望谟河模拟结果较好,平均洪峰误差最小,平均洪量误差也最小,峰现时间误差稍微偏高,整体的洪水过程模拟过程与实际也较为接近。

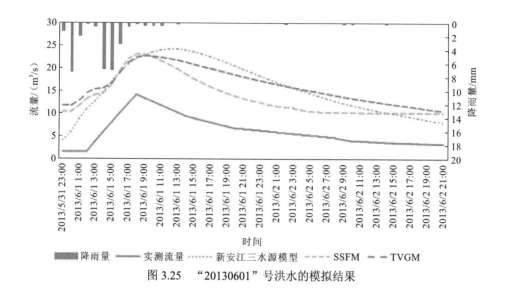

图3.25 "20130601"号洪水的模拟结果

3.4 白沙河流域山洪模拟

3.4.1 区域概况

白沙河流域位于灌县(四川省成都市都江堰市),发源地是虹口乡。河流全长49.3 km,地理坐标位置是103°33′~103°43′E,31°01′~31°22′N,全流域都处于四川盆地中(吴金津 等,2020),境内山峰林立,大多数地势为山地,沟谷较多,且下切深度较大,多为V-U型山谷,地势南低北高。流域海拔在740~4579 m,高程变化大,相对高差达到了3839 m。白沙河所在的都江堰市在地质构造体系上,位于龙门山构造带的中南段,属于华夏构造体系,在大地构造方面,分别属于扬子准地区和青藏地槽区(曾晓丽,2015),地质构造非常复杂。在植被方面,垂直带谱明显,1600 m以下多为人工成林和次生林;1600~2200 m为阔叶林为主的混交林;2200~3500 m则以亚高山针叶林为主;3500 m之上以草甸灌丛为主。植被的覆盖面积占全流域面积的96.52%。

白沙河流向为自北向南,是岷江上游的一级支流,在紫坪铺处汇入岷江,属于岷江水系。由于地形原因流域内汇流速度快,白沙河全长49.3 km,流域集水面积为364 km²,河床比降12%,日平均流量大约为16 m³/s,最大流量为1 450 m³/s,最小流量为1.5 m³/s(曾晓丽,2015),一般在7~9月达到最大流量。该流域有着充足的地下水资源,地下水系较为发达,孔隙水和裂隙水含量充沛。白沙河流域共有3个雨量站(杨柳坪站、大火地站和虹口站),其中杨柳坪站也是位于流域出口的水文站。

白沙河流域地处亚热带,气候类型为亚热带季风气候,冬无严寒,夏无酷暑,全年降雨丰沛,蒸发较少,多年平均气温在12.2 ℃左右,最高气温34 ℃,最低气温-5 ℃(曾晓丽，2015），四季分明，气候宜人。降雨量大是白沙河流域的显著特点，全流域多年平均降水量高达 1 100 mm，年最大降水量 1 605.4 mm，年最小降水量 713.5 mm（曾晓丽，2015）。降水时间分配非常不均匀，雨期大约在 5～9 月，这 5 个月的雨期集中了全年约 80%的降雨，这也使得白沙河流域 5～9 月发生地质灾害的可能性大大提高。降水空间分布也不均匀，呈现从西北向东南递减的趋势，流域内降雨强度差异也较大，单场降雨一般在较短历时内产生很大的降雨量，时常为暴雨。

　　白沙河流经国家级自然保护区，境内以山地为主，且地质构造复杂（图 3.26）。2009 年 7 月 17 日，四川省都江堰市白沙河流域内发生强降雨，白沙河次级支流爆发了重大山洪泥石流灾害，根据气象部门的监测，在泥石流当日每小时最大降雨量超过重现期为 100 年的降雨量值，达到 134 mm，全天降雨量超过重现期为 50 年的降雨量，达到 336 mm。而在 2009 年 7 月，白沙河支流流域降雨天数达到 28 天（贾长城，2013），连续降雨时间长，总降雨量大，且降雨在日尺度时间上的集中分布，以及白沙河流域的地理地质条件，为这次山洪泥石流灾害提供了发生的条件。2013 年 7 月 10 日，四川省都江堰市发生重大山洪泥石流灾害，据统计，截至同年 7 月 13 日，山洪泥石流灾害已造成 43 人遇难，118 人失踪。2016 年 8 月 3 日，都江堰市再次发生山洪，将青城山景区上下山道路冲毁，造成七八十人被困。2018 年 6 月 25 日都江堰市龙池镇等地发生山洪灾害，冲毁若干房屋和车辆，所幸无人员伤亡。总之，2000 年至今白沙河流域发生多起山洪泥石流灾害，造成严重的人口伤亡和经济损失。值得注意的是，白沙河流域山洪泥石流灾害频发，且灾害情况较为严重，需要进行进一步的研究和治理。

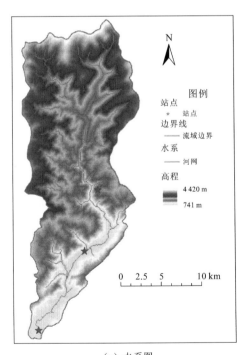

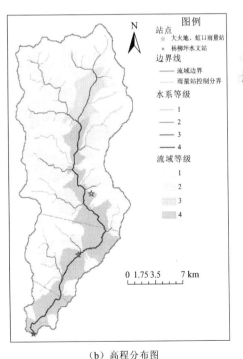

（a）水系图　　　　　　　　　　　　　　　　（b）高程分布图

图 3.26　白沙河流域水系图和高程分布图（吴金津 等，2020）

3.4.2　多模型模拟结果比较

从水文年鉴中的《长江流域水文资料》获取到白沙河流域2010～2013年逐日降雨径流蒸发资料及洪水摘录表中的场次洪水资料，并从中选取10场洪水资料进行场次洪水模拟。

利用TVGM、新安江三水源模型和SSFM对白沙河流域2010～2013年10场洪水进行了模拟，选取SCE-UA等优化算法进行参数率定，模拟的洪水三要素的误差分析见表3.11。

表3.11　白沙河场次洪水模型模拟结果分析

次洪编号	洪峰误差/%			峰现时间误差/h			洪量误差/%		
	TVGM	新安江三水源模型	SSFM	TVGM	新安江三水源模型	SSFM	TVGM	新安江三水源模型	SSFM
20100814	−53	−12	33	1	−1	−2	−44	−43	4
20100819	−89	−63	−39	−1	−1	−2	−61	−49	−31
20100909	14	−5	−9	1	0	1	1	−22	−30
20110706	6	12	11	16	11	11	0.60	0	−22
20110821	−75	17	27	3	1	1	−34	64	36
20120818	13	−16	−25	−1	1	0	−19	36	46
20130709	6	−8	−15	0	1	1	−17	16	28
20130710	4	−37	−35	1	−2	−3	−37	−20	14
20130711	−25	−40	−21	−1	0	−1	−56	−35	3
20130725	−14	−61	−58	0	1	0	19	48	−7
平均值	30	27	27	—	—	—	29	33	22

从表3.11中可以看到，TVGM在10场洪水模拟过程中有3场洪水模拟的洪峰误差超过40%，总体的平均洪峰误差为30%；新安江三水源模型在10场洪水模拟过程中有3场洪水模拟的洪峰误差不小于40%，总体的平均洪峰误差为27%；SSFM在10场洪水模拟过程中仅有1场洪水模拟时洪峰误差超过40%，总体的平均洪峰误差为27%。从洪峰模拟误差角度来看，SSFM的模拟效果要优于TVGM和新安江三水源模型的模拟效果。

从峰现时间误差来看，TVGM、新安江三水源模型和SSFM在10场洪水模拟过程中，均仅有1场洪水模拟的峰现时间误差大于3 h。从峰现时间误差角度来看，三个模型模拟结果均较好。

从洪量误差来看，TVGM在10场洪水模拟过程中有5场洪水模拟的洪量误差超过30%，总体的平均洪量误差为29%；新安江三水源模型在10场洪水模拟过程中有6场洪水模拟的洪量误差超过30%，总体的平均洪量误差为33%；SSFM在10场洪水模拟过程中有 3 场洪水模拟的洪量误差超过 30%，总体的平均洪量误差为 22%。对比 TVGM、新安江三水源模型和 SSFM 在洪量上的模拟效果，SSFM 模拟效果最优。综合来看，SSFM 在白沙河流域的山洪模拟中效果更好。

　　TVGM、新安江三水源模型和 SSFM 在白沙河流域进行山洪模拟的典型洪水模拟过程如图 3.27 和图 3.28 所示。从图 3.27 来看，在"20110821"号的典型洪水模拟过程中，新安江三水源模型和 SSFM 对降雨产流的反应较为敏感，在第一个强降雨时刻就有一个小洪峰出现，从而模拟过程为双峰洪水，而实测洪水过程线中只有一个洪峰出现，因此模拟出来的洪水过程与实测洪水过程线有所偏差；TVGM 则对降雨的反应较为迟钝，模拟的洪峰流量很小，整个洪水过程线十分平坦。从图 3.28 来看，"20100819"号的典型洪水模拟过程中，三个模型模拟的洪水过程线中 SSFM 与实际过程线最为接近；TVGM 模拟洪水过程线较为平坦，三种模型的模拟洪峰都偏小，新安江三水源模型和 SSFM 的模拟结果均有两个峰，而 TVGM 只有一个峰。

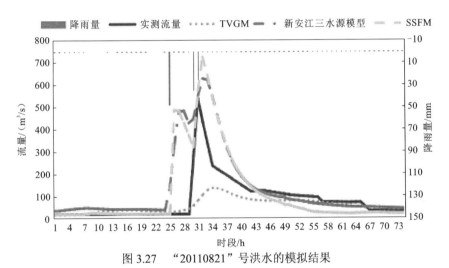

图 3.27　"20110821"号洪水的模拟结果

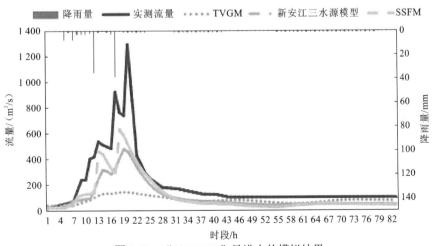

图 3.28　"20120819"号洪水的模拟结果

综合对比分析 TVGM、新安江三水源模型和 SSFM 的模拟结果，将适用于南方湿润地区的新安江三水源模型应用到湿润山区小流域进行山洪模拟时，效果并不是很好，因为新安江三水源模型的产流机制是蓄满产流，而在复杂地形条件的山区小流域中，蓄满产流可能不是主要的产流机制。此外新安江三水源模型是集总式模型，在进行山区小流域山洪模拟应用时，无法反映地形地貌等条件的空间异质性特点，导致其在白沙河流域的山洪模拟过程中适用性不好。SSFM 是半分布式模型，在山区小流域模拟过程中可以较好地反映复杂的地形地貌的特征，因此 SSFM 在白沙河流域的山洪模拟过程中适用性较好。

3.5 官山河黄沟实验流域山洪模拟

通过在黄沟实验流域布设的水文站，收集到了 2019 年 10 月及 2020 年 10 月三场洪水过程资料，对这三场洪水资料使用 SSFM、TVGM、新安江三水源模型进行模拟，模型模拟效果评定见表 3.12～表 3.14。

表 3.12 各模型模拟的洪峰误差 （单位：%）

次洪编号	洪峰误差		
	SSFM	TVGM	新安江三水源模型
20191008	2.05	0.52	-31.58
20191022	-6.79	-6.16	-21.32
20201003	-40.55	-69.32	52.47
平均值	16.46	25.33	35.12

表 3.13 各模型模拟的峰现误差

次洪编号	峰现误差/h		
	SSFM	TVGM	新安江三水源模型
20191008	0	-1	-2
20191022	7	-2	-2
20201003	-5	-3	1

表 3.14 各模型模拟的径流深误差

次洪编号	径流深误差/%		
	SSFM	TVGM	新安江三水源模型
20191008	23.88	25.02	-1.11
20191022	-23.09	-6.27	-28.04
20201003	-0.74	-43.52	31.48
平均值	15.90	24.94	20.21

从洪峰误差上来看，SSFM 和 TVGM 模拟的效果较好，模拟的三场洪水洪峰误差平均值均小于 30%，分别为：16.46%、25.33%。新安江三水源模型模拟效果不佳，洪峰误差平均值超过 30%。从峰现误差角度来看，TVGM、新安江三水源模型模拟效果较好，三场洪水模拟的峰现误差均在许可误差范围之内。从径流深误差角度来看，SSFM 平均径流深误差小于 20%，其余两个模型径流深误差为 24.94% 和 20.21%。

各模型模拟的洪水过程如图 3.29～图 3.31 所示，从三场洪水模拟过程线来看，"20191008" 号洪水涨水过程较慢，有洪峰滞后的现象出现，新安江三水源模型在模拟的过程中洪峰流量模拟效果不佳，SSFM 和 TVGM 在洪峰流量上的模拟更加接近实测洪峰流量。"20191022" 号洪水属于陡涨陡落型洪水，SSFM 和 TVGM 在模拟这场洪水过程中洪峰流量模拟效果较好，误差在 10% 以内。新安江三水源模型模拟效果不佳，洪峰误差和洪量误差都超过了 10%。"20201003" 号洪水 SSFM 的模拟过程线和实测过程线最接近，TVGM 的过程线过于平缓，而新安江三水源模型的过程线洪峰过高，远超实测的洪峰流量。

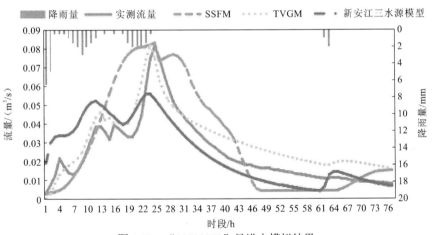

图 3.29　"20191008" 号洪水模拟结果

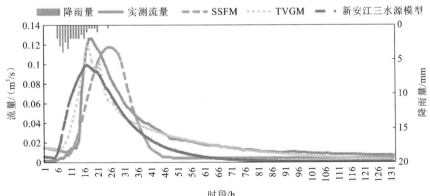

图 3.30　"20191022" 号洪水模拟结果

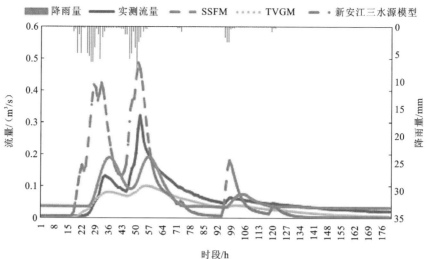

图 3.31 "20201003"号洪水模拟结果

综合来看，SSFM 在黄沟实验小流域模拟效果较好。表明 SSFM 在山区小流域的洪水模拟中比起使用较为广泛的新安江三水源模型，模拟效果有了明显改善，可以将其应用到官山河流域，探究其在山区小流域的洪水模拟中的适用性。

3.6 贡嘎山山洪模拟

3.6.1 区域概况

1. 地理位置与基本情况

贡嘎山位于青藏高原东部边缘，地势突变，位于 29°35′44″N、101°52′44″E，属于川西南地区，在行政区划上，属于四川省甘孜藏族自治州的泸定、康定、九龙河和石棉四县的相交地段，贡嘎山为横断山脉大雪山主峰。该山东西长约 30 km，最高海拔 7 556 m，相对高度 6 000 多米，是四川省的第一高山峰（王兆印，2012）。

在地质构造上，贡嘎山位于扬子板块和青藏板块相交线的西缘，构造背景属于甘孜松潘褶皱带贡嘎山菱形地块。在两大板块的碰撞挤压作用下，区域断裂构造发育且活动剧烈，研究区位于 NW 向鲜水河构造带（磨西断裂为代表）、SN 向康滇构造带（大渡河断裂为代表）和 NE 向龙门山断裂带（二郎山断裂为代表）三大构造带交汇的 Y 型构造处（张锐，2017）。

贡嘎山属于长江流域的雅砻江和大渡河水系，该区的水系以贡嘎山为中心向四周辐射，区内较大的河流有田湾河、磨西河、折多河和湾东沟（贡嘎山及其周围水系分布示意如图 3.32 所示），均为大渡河的支流。

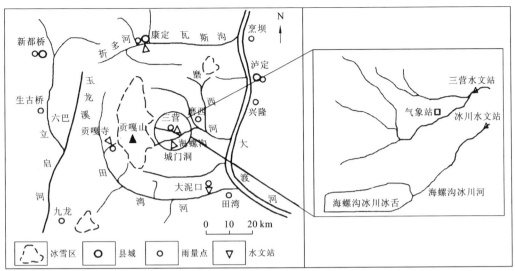

图 3.32　贡嘎山周围水系及海螺沟流域示意图（程根伟，1996）

田湾河为本区内最大的河流，流域面积约 1394 km²，多年平均径流量 58.7 m³/s，发源于贡嘎山西坡，流经贡嘎山南麓，最后汇入大渡河，其间有莫溪沟冰川、贡巴冰川、巴王沟冰川等的冰雪融水汇入。

折多河流域面积 669 km²，多年平均径流量 19.7 m³/s，为大渡河二级支流，发源于贡嘎山西北坡，流经康定与雅拉河汇合后，在瓦斯汇入大渡河。

湾东沟流域面积仅 165 km²，多年平均径流量 8.4 m³/s，发源于贡嘎主峰大沟冰川，向东直接流入大渡河。

磨西河流域面积 923 km²，多年平均径流量 41.0 m³/s，发源于贡嘎东坡，干流大致向东流经新兴、磨西等地，于得绥上游注入大渡河。因磨西沟谷地势低，两侧支流众多，其中较大的支流有海螺沟、磨子沟、南门关沟等。

海螺沟流域总面积约 190 km²，其中位于海螺沟上游的冰川水文站控制的集水面积为 80.5 km²（海螺沟上游简图见图 3.32），冰川水文站断面多年平均流量约 11.8 m³/s，流域内冰川及常年积雪面积达 29.6 km²，河道比降约 6.93%，洪水期水流速度可达 3.5 m/s，最大洪峰流量可达 100 m³/s（孔凡哲和李莉莉，2005）。

贡嘎山地区冰川发育，冰雪区面积近 360 km²，占总面积的 9.4%，储水量估计在 180×10⁸ m³ 以上（王贵作和任立良，2009）。冰雪的积累和消融随气候变迁、季节变化而交替出现，这对本区的径流影响较大。海螺沟冰川属于海洋性冰川（瞿思敏 等，2003），一般海洋性冰川的表面有冰裂隙等构造，冰川表面融水会被截留进入冰川内部，形成冰内及冰下径流（包红军 等，2016），海螺沟冰川有明显的冰下河发育，其地面出口为冰川城门洞，地下出口为冰涌泉，是海螺沟主流的水源之一。

贡嘎山东坡 3 000 m 高程范围内设有 4 个水文站，包括 1 个冰川水文站和 3 个森林区水文站，还设有 2 个气象站，分别是 GGF 气象站（观景台站，亚高山观测站，所处海拔 3 000 m）和 GGS 气象站（磨西基地站，所处海拔 1 600 m）。测站分布如图 3.33 所示。

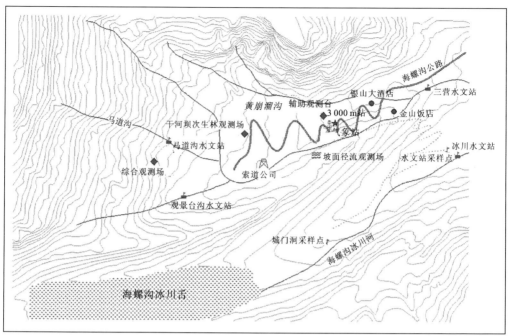

图 3.33 贡嘎山水系及高山水文气象观测系统（梁川 等，2009）

2. 气候特征

根据高山观测系统气象数据（气象站海拔 3 000 m）海螺沟流域年平均气温 3.9℃，最暖月平均气温 12.7℃，最冷月平均气温-4.5℃，气温年较差 17.2℃，年最高气温为 23.3℃，年最低气温为-14.5℃，年平均日温差为 9.0℃。若以月平均气温小于 0℃和大于 22℃分别作为冬夏开始的标准来划分，在贡嘎山东坡海拔 3 000 m 处，冬季长达 9 个多月，为长冬无夏，春秋天气只有短暂的 2 个多月（王兆印和张晨笛，2019）。

受季风及地形的影响，贡嘎地区大气降水充沛，东坡海拔 3 000 m 处的年降水量为 1 938.0 mm，西坡海拔 3 700 m 处的年降水量为 1 151 mm。全年主要受西南季风、东南季风及高空西风带的制约。从降雨上看，贡嘎山可以分为旱季和湿季，一般每年 11 月至次年 4 月为旱季，降水量占年降水量的 10%～20%，雨雪天气少，天气晴朗；每年 5 月前后，随着季风的到来，降水逐渐增多，这一过程一直持续到 10 月，湿季降水占年降水量的 80%～90%，多局地性雷雨、冰雹、大风等灾害性天气。另外，每年 3～4 月和 10 月前后是季节交替时期，高山地区常降大雪。贡嘎地区的降水与海拔之间存在明显关系，根据多年观测结果，泸定站（海拔 1 300 m）的年降水量为 636.8 mm，磨西站（海拔 1 600 m）的年降水量为 1 050.2 mm，高山生态系统观测站（海拔 3 000 m）的年降水量为 1 938.0 mm。

贡嘎山东坡海螺沟属于冰川作用区，因为降水次数多、气温低、雾日多、森林面积大、风速小，所以蒸发量较小。根据 2005～2006 年海螺沟 GGF 气象站中的 20 cm 水面蒸发皿观测资料，年均蒸发量能力为 785.4 mm。

因为海拔相差很大，贡嘎山区气候分带性明显。自山顶从上到下，依次表现出寒漠、寒带、温带和亚热带等气候特征（李志威 等，2015），越往下越温暖，植被也偏向阔叶林。其植被分布存在十分明显的垂直分异性，以阔叶林区、针阔叶混交林区、针叶林区、高山灌丛为主，在贡嘎山顶部有小部分冰雪剥蚀山地。地表有很厚的腐殖质，结构疏松，下渗能力强（李文哲 等，2014a）。

贡嘎山区作为青藏高原的一部分，是我国西南水汽输送的天然屏障。贡嘎山区年降水量最高可达 3 500 mm，垂直变化较为明显，且贡嘎山区蒸发量很小（李志威 等，2015）。

3. 山洪灾害概况

贡嘎山地质灾害以泥石流为主，在 1958～2008 年，贡嘎山暴发山洪泥石流灾害的年份共计 15 年，共发生灾害 18 次，灾害发生时间均集中在 6～8 月，其中 1955 年、1966 年、1976 年、1989 年和 2005 年灾害较为严重（芮孝芳，2013）。1989 年 7 月贡嘎山东坡多处发生冰雪雨水泥石流（芮孝芳，2004）。2005 年 8 月 11 日在贡嘎山景区发生重现期超过百年一遇的特大规模泥石流灾害，称为"8·11"特大泥石流灾害。农业受灾情况：景区受灾人口共 522 户，6341 人，房屋被冲毁 37 户，耕地受灾 2020 hm²，绝收 718.5 hm²，粮食损失共计 1414 t。死亡牲畜 634 头，毁坏农用机械和车辆 8 辆，直接经济损失 6549.58 万元。基础设施受损方面：道路冲毁或淹没共计超过 10 000 km，冲毁和损坏电站 11 座，输电线路损毁共计 10 000 m，高压电杆 78 根，低压电杆 215 根，各地自来水厂共有 8 个蓄水池和上万米输水管道被冲毁，冲垮大小桥梁一共 18 座，受灾区域整体基础设施破坏造成的直接经济损失达 1.04 亿元，本次"8·11"特大泥石流灾害给海螺沟景区造成直接经济损失 1.7 亿元（李致家 等，2015）。

3.6.2 海螺沟山洪模拟

本节的冰川融水计算考虑两种方式，即改进的度日因子模型及温度指数模型（曹真堂，1995；杨针娘，1988），而非冰川的产流模拟也考虑了两种方式，即考虑积雪融水的 SSFM 和考虑积雪融水的改进的二水源 TVGM。为了方便叙述，本节将基于 SSFM 且冰川融水采用改进的度日因子模型的海螺沟上游径流模型称为径流模型 I；基于 SSFM 且冰川融水采用温度指数模型的海螺沟上游径流模型称为径流模型 II；基于 TVGM 且冰川融水采用改进的度日因子模型的海螺沟上游径流模型称为径流模型 III；基于 TVGM 且冰川融水采用温度指数模型的海螺沟上游径流模型称为径流模型 IV。海螺沟上游径流模型结构示意图如图 3.34 所示。

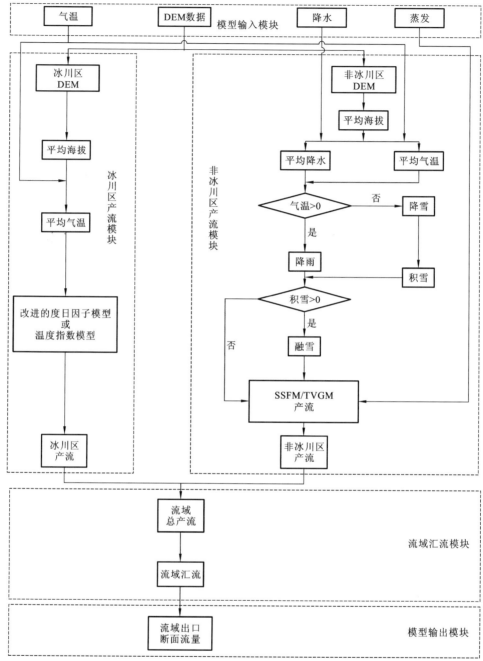

图 3.34 海螺沟上游径流模型结构示意图

1. 日径流模拟结果

1）基于 SSFM 的径流模型

基于 SSFM 的径流模型日径流模拟结果见表 3.15 和表 3.16。

表 3.15　径流模型 I 的日径流模拟结果

序列时期	NSE	WB/%	R	r_i/%	r_o/%	r_s/%
率定期	0.654	-9.6	0.839	78.5	21.3	0.1
验证期	0.718	-10.5	0.878	76.7	23.2	0.1
2002 年	0.516	5.7	0.893	78.9	20.6	0.1
2003 年	0.665	-4.2	0.861	77.6	22.4	0.1
2004 年	0.643	-14.6	0.877	73.8	26.0	0.1
2005 年	0.662	-23.9	0.857	79.0	20.9	0.0
2006 年	0.761	-6.8	0.884	79.1	20.8	0.1
2002~2006 年	0.679	-10.0	0.855	77.8	22.1	0.1

注：r_i、r_o、r_s 分别表示模拟径流中冰川融水、非冰川区饱和坡面流及基流的占比，下同

表 3.16　径流模型 II 的日径流模拟结果

序列时期	NSE	WB/%	R	r_i/%	r_o/%	r_s/%
率定期	0.651	-8.0	0.837	79.2	20.8	0.1
验证期	0.707	-8.5	0.869	77.1	22.8	0.1
2002 年	0.487	6.5	0.896	79.5	20.5	0.1
2003 年	0.651	-1.4	0.858	78.3	21.6	0.1
2004 年	0.635	-11.8	0.866	73.8	26.1	0.1
2005 年	0.670	-22.6	0.857	79.7	20.2	0.1
2006 年	0.748	-5.5	0.876	79.9	20.0	0.1
2002~2006 年	0.673	-8.2	0.850	78.3	21.6	0.1

对比分析基于 SSFM 但冰川融水计算方法不同的两种径流模型的日径流模拟结果，可见：径流模型 I 和径流模型 II 在不同序列时期的模拟结果基本相似：率定期内的模型整体效果不如验证期；从逐年结果来看，2002 年的整体模拟效果最差，而 2005 年的模拟水量误差最大；模拟序列的波动剧烈，在旱季与实测径流差距较大，但在雨季峰值和峰型模拟较好。径流模型 I 和径流模型 II 的模拟序列中的各径流成分的占比也基本相似：其中冰川融水占比在 73.8%~79.9%，地下水占比约为 0.1%。

2）基于 TVGM 的径流模型

基于 TVGM 的径流模型日径流模拟结果见表 3.17 和表 3.18。

表 3.17　径流模型 III 的日径流模拟效果

序列时期	NSE	WB/%	R	r_i/%	r_s/%	r_ss/%
率定期	0.816	0.2	0.908	81.5	12.7	5.8
验证期	0.848	−1.9	0.927	81.7	12.1	6.1
2002 年	0.745	12.7	0.954	85.8	9.8	4.4
2003 年	0.837	8.4	0.932	80.3	13.5	6.2
2004 年	0.870	−6.3	0.949	80.9	12.6	6.4
2005 年	0.812	−14.3	0.916	78.8	14.6	6.6
2006 年	0.834	2.2	0.916	82.4	11.7	5.9
2002~2006 年	0.829	−0.7	0.915	81.6	12.5	5.9

注：r_s、r_ss 分别表示模拟径流中非冰川区地面径流和地下径流的占比，下同

表 3.18　径流模型 IV 的日径流模拟效果

序列时期	NSE	WB/%	R	r_i/%	r_s/%	r_ss/%
率定期	0.794	−3.0	0.895	82.5	11.0	6.5
验证期	0.838	−7.3	0.923	83.4	10.8	5.9
2002 年	0.754	13.6	0.959	83.1	9.8	7.1
2003 年	0.804	4.2	0.911	82.7	11.3	6.0
2004 年	0.861	−10.2	0.948	83.4	10.8	5.9
2005 年	0.783	−19.5	0.916	81.7	12.0	6.3
2006 年	0.825	−4.6	0.910	83.3	10.8	5.9
2002~2006 年	0.811	−4.8	0.905	82.8	10.9	6.2

对比分析两种基于 TVGM 但是冰川融水计算方法不同的径流模型的日径流模拟结果，可见：径流模型 III 和径流模型 IV 在不同序列时期的模拟结果基本相似，率定期内的模型整体效果不如验证期；从逐年结果来看，仍是 2002 年的整体模拟效果最差，而 2005 年的模拟水量误差最大。模拟序列比较平滑，在旱季与实测径流差距较小，但在雨季峰值和峰型模拟较差。径流模型 III 和径流模型 IV 的模拟序列中的各径流成分的占比也基本相似：其中冰川融水占比在 78.8%~85.8%，地下水占比在 4.4%~7.1%。径流模型 III 比径流模型 IV 在旱季的径流模拟效果稍好。

3）结果分析

综合 4 个径流模型的日径流序列模拟结果，得到如下的结论。

（1）在整个研究时段（2002~2006 年）内，径流模型 I~IV 的 NSE 分别为 0.679、

0.673、0.829 和 0.811，模拟序列的总水量误差分别为-10.0%、-8.2%、-0.7%和-4.8%，模拟序列和实测序列的相关系数分别为 0.855、0.850、0.915 和 0.905，可见径流模型 III 的整体效果较优，而径流模型 I、径流模型 II 和径流模型 III、径流模型 IV 的整体模拟效果分别对应相似。

（2）从逐年效果来看，2002 年 4 个模型的日径流模拟效果均为最差，且模拟径流总量均大于实测径流总量，而 2005 年的模拟径流总量误差均最大，均小于实测径流总量，这导致了 4 个模型在率定期的效果均不如在验证期的效果好。

（3）在整个研究时段内，基于不同融水计算方法的径流模型的日模拟径流中冰川融水占比相差不大，但基于 SSFM 的径流模型比基于 TVGM 的径流模型计算出的冰川融水比例略小，其中基于 SSFM 的径流模型的冰川融水占比为 73.8%～79.9%，基于 TVGM 的径流模型的冰川融水占比为 78.8%～85.8%。

（4）基于 SSFM 和基于 TVGM 的径流模型对于非冰川区的模拟情况差异较大，其中基于 SSFM 的径流模型模拟出的非冰川区地下水占总径流约 0.1%，而基于 TVGM 的径流模型的模拟结果约为 6%。

综合上述分析结果，基于 SSFM 的径流模型整体效果一般，本节分析认为主要有两方面的原因。一方面是基于 SSFM 的径流模型模拟径流的波动比起实测值要剧烈，而基于 TVGM 的径流模型的模拟径流波动较小。深入分析，认为基于 SSFM 的径流模型的模拟径流序列波动较大是汇流方法导致的，模型的汇流采用两段式等流时线法，该方法假设流域包括两个大的等流时区，且两区汇流时差为一个单位时间，不能很好地模拟流域对径流的坦化作用；相应地，基于 TVGM 的径流模型由于采用瞬时单位线汇流，在模拟流域对径流的坦化作用方面效果更优，但当实测径流呈现尖瘦的峰型时（特别是 2005 年及 2006 年），基于 TVGM 的径流模型的效果不如 SSFM。另一方面是基于 SSFM 的径流模型的基流几乎为零，导致在冬季模型表现不佳，分析认为 SSFM 基于壤中暴雨蓄满产流机制，TVGM 基于系统理论不考虑产流机制，而海螺沟流域的下垫面情况复杂，峭壁与深谷交错、裸岩与森林共存，背阴处苔藓丛生，向阳处雾气升腾，整个流域内从温带到寒带的景观都能找到，难以准确定义整个流域属于何种产流机制，因此黑箱模型的效果更好些，另外模型的不确定性也可能是基流模拟值为零的原因。

基于温度指数模型及基于改进的度日因子模型的径流模型模拟的径流中冰川融水的占比（也即冰川区贡献）相差不大，各年份内日径流的冰川融水占比在 73.8%～85.8%。尹观等（2008）分析了海螺沟的径流成分，采用 ^{18}O 示踪，根据 2006 年 6 月～2007 年 1 月的观测数据分析得到在夏天的早晨和晚上分别有 74.6%和 82.4%的径流来自冰川区；Meng 等（2013）以 ^{18}O 和 ^{2}H 作为示踪，根据 2008 年 3 月～2009 年 11 月的测量数据分析得到海螺沟上游的径流中冰川融水占比为 84.73%；Xing 等（2015）以 ^{18}O、^{2}H 和 Cl$^-$ 作为示踪，根据 2008 年 4 月～2009 年 11 月的测量数据分析得到海螺沟上游的径流中冰川融水占比为 72.84%±8.03%。一些学者也通过同位素示踪对海螺沟上游（或海螺沟）的径流成分进行研究，本节构建的海螺沟上游径流模型能够较好地反映径流中冰川融水的占比，说明模型的分区模拟结构比较合理，模拟的两个分区对总径流的贡献比例也较为合理。

    基于 SSFM 和基于 TVGM 的径流模型模拟的非冰川区的地下水差距较大,基于 SSFM 的径流模型模拟出的地下水占比仅为 0.1%,而研究区域的非冰川部分植被覆盖丰富,特别是在森林覆盖区,地表渗透性高,在降水较小时地面径流几乎没有,壤中流丰富。本节分析认为导致这个结果的原因有两个:一是研究区域的冰川融水占比达 70%~80%,非冰川区的产流对总径流影响较小,故率定结果使得非冰川区的产流模拟不准确;二是径流模型本身有不确定性,参数众多,互相影响,可能存在异参同效的现象。

2. 小时径流模拟结果

1)基于 SSFM 的径流模型

基于 SSFM 的径流模型的小时径流模拟结果见表 3.19 和表 3.20。

表 3.19　径流模型 I 的小时径流模拟效果

序列时期	NSE	WB/%	R	r_i/%	r_o/%	r_s/%
率定期	0.634	-4.5	0.806	69.6	25.2	5.3
验证期	0.658	-6.2	0.822	68.2	24.8	7.0
2002 年	0.601	5.7	0.853	72.9	26.5	0.7
2003 年	0.649	5.0	0.825	67.9	24.7	7.4
2004 年	0.664	-5.3	0.843	63.1	23.4	13.5
2005 年	0.609	-18.4	0.806	68.3	24.5	7.1
2006 年	0.653	-7.0	0.813	73.0	26.1	0.9
2002~2006 年	0.644	-5.2	0.812	69.0	25.0	6.0

表 3.20　径流模型 II 的小时径流模拟结果

序列时期	NSE	WB/%	R	r_i/%	r_o/%	r_s/%
率定期	0.558	-4.2	0.785	70.6	23.1	6.3
验证期	0.580	-6.7	0.810	69.8	23.1	7.1
2002 年	0.493	10.0	0.817	71.3	23.4	5.3
2003 年	0.544	3.6	0.802	70.0	23.1	6.8
2004 年	0.528	-11.4	0.807	68.8	23.3	8.0
2005 年	0.607	-19.3	0.810	70.3	22.9	6.7
2006 年	0.608	-2.4	0.813	70.7	22.9	6.3
2002~2006 年	0.567	-5.2	0.795	70.3	23.1	6.6

对比分析两种基于 SSFM 但冰川融水计算方法不同的径流模型的小时模拟结果，可见：径流模型 I 比径流模型 II 的整体模拟效果稍好，径流模型 II 模拟的小时径流序列波动程度比径流模型 I 的模拟序列和实测序列的波动程度要大得多。径流模型 I 和径流模型 II 的模拟序列中的各径流成分的占比基本相似：其中冰川融水占比在 63.1%～72.9%，地下水占比约为 6%，且径流模型 I 在个别年份的地下水占比不到 1%。

2）基于 TVGM 的径流模型

基于 TVGM 的径流模型的小时径流模拟结果见表 3.21 和表 3.22。

表 3.21　径流模型 III 的小时径流模拟效果

序列时期	NSE	WB/%	R	r_i/%	r_s/%	r_ss/%
率定期	0.740	-2.9	0.869	80.3	0.8	18.9
验证期	0.782	-7.1	0.898	80.0	0.8	19.2
2002 年	0.640	13.8	0.914	82.4	0.3	17.3
2003 年	0.780	4.1	0.900	79.7	0.8	19.5
2004 年	0.736	-9.6	0.902	77.0	1.2	21.7
2005 年	0.730	-19.1	0.880	79.0	1.3	19.8
2006 年	0.808	-4.7	0.902	82.7	0.3	17.0
2002～2006 年	0.757	-4.6	0.880	80.2	0.8	19.0

表 3.22　径流模型 IV 的小时径流模拟效果

序列时期	NSE	WB/%	R	r_i/%	r_s/%	r_ss/%
率定期	0.690	-2.8	0.853	79.8	0.0	20.2
验证期	0.746	-5.9	0.882	79.3	0.0	20.7
2002 年	0.615	10.5	0.919	82.3	0.0	17.7
2003 年	0.691	5.6	0.874	78.9	0.0	21.1
2004 年	0.680	-7.1	0.893	76.7	0.0	23.3
2005 年	0.688	-18.0	0.855	78.3	0.0	21.6
2006 年	0.782	-4.7	0.887	81.6	0.0	18.3
2002～2006 年	0.712	-4.1	0.864	79.6	0.0	20.4

对比分析两种基于 TVGM 但是冰川融水计算方法不同的径流模型的小时径流模拟结果，可见：径流模型 IV 比径流模型 III 的效果稍差，但两个模型率定期的模拟效果均不如验证期，且 2002 年和 2005 年是模拟水量误差最大的两年，其中 2002 年模拟水量偏大，2005 年偏小。径流模型 III 和径流模型 IV 的模拟序列中的各径流成分的占比基本相

似：其中冰川融水占比在 76.7%～82.7%，地下水占比在 17.0%～23.3%。

3）结果分析

综合 4 个径流模型的小时径流序列模拟结果，得到如下结论。

（1）在整个研究时段（2002～2006 年），径流模型 I～IV 的 NSE 分别为 0.644、0.567、0.757 和 0.712，模拟小时径流序列的总水量误差分别为 -5.2%、-5.2%、-4.6% 和 -4.1%，模拟序列和实测序列的相关系数分别为 0.812、0.795、0.880 和 0.864，可见径流模型 III 的整体效果较优，而径流模型 II 和径流模型 IV 的整体模拟效果分别比径流模型 I 和径流模型 III 的较差。

（2）从逐年效果来看，4 个径流模型的 2002 年小时径流模拟效果均为最差，且模拟径流总量均大于实测径流总量，而 2005 年的模拟径流总量误差均为最大，均小于实测径流总量，这导致了 4 个模型在率定期的径流模拟效果均不如在验证期的模拟效果好。

（3）在整个研究时段内，基于不同融水计算方法的径流模型的小时模拟径流中冰川融水占比相差不大，但基于 SSFM 的径流模型比基于 TVGM 的径流模型计算出的冰川融水比例略小，其中基于 SSFM 的径流模型冰川融水占比为 63.1%～72.9%，基于 TVGM 的径流模型的冰川融水占比为 76.7%～82.7%。

（4）基于 SSFM 和基于 TVGM 的径流模型对于非冰川区的模拟情况差异较大，其中基于 SSFM 的径流模型模拟出的非冰川区地下水占总径流比约为 6%，而基于 TVGM 的径流模型的模拟结果为 17.0%～23.3%，基于 TVGM 的径流模型模拟结果中地面径流几乎为零。

综合上述分析，可见这些模型的小时径流模拟结果与日径流模拟结果大部分相似，出现这些结果的原因在日径流模拟结果分析部分已讨论，这里不再赘述。但是有部分结果和日径流模拟结果有差异。

（1）采用不同冰川融水计算方法的径流模型的日径流结果差异很小（径流模型 I 和径流模型 II 的 NSE 分别为 0.679 和 0.673，径流模型 III 和径流模型 IV 的 NSE 分别为 0.829 和 0.811），但是小时径流模拟结果差异较大（径流模型 I 和径流模型 II 的 NSE 分别为 0.644 和 0.567，径流模型 III 和径流模型 IV 的 NSE 分别为 0.757 和 0.712），分析可以发现采用温度指数模型计算冰川融水的径流模型模拟的小时径流序列的波动较大。究其原因是小时数据波动本身较大，而径流来源大部分是冰川融水，所以该方法放大了这种波动，导致误差较大。

（2）各径流模型的日径流序列和小时序列对应的冰川融水占比差距不大，但是非冰川区的径流成分占比波动很大，原因有两个：一是研究区域的冰川融水占比达 60%～80%，非冰川区的产流对总径流影响较小，故率定结果使得非冰川区的产流模拟不准确；二是径流模型本身有不确定性，参数众多，互相影响，可能存在异参同效的现象，导致径流成分占比不同。

（3）各模型的日径流模拟效果均比小时模拟效果好，原因为小时数据无论是气象驱动数据还是径流数据，波动都较大，所以模拟误差较大。

3. 综合分析

综合对比上述各径流模型的日径流和小时径流模拟结果，可以得到如下结论。

（1）无论是日径流模拟还是小时径流模拟，径流模型 III 的整体模拟效果都是最优的。

（2）经过对比分析，利用改进的度日因子模型和温度指数模型对研究区域的冰川融水进行模拟的结果差距不明显，并且都具有局限性。

（3）无论是日径流模拟还是小时径流模拟，基于 TVGM 的径流模型的整体模拟效果均优于基于 SSFM 的径流模型，说明对于冰川流域，TVGM 适用性更强。

（4）各径流模型的模拟径流中，冰川融水的占比（冰川区贡献）相差不大，且与相关文献中的研究结果接近，说明海螺沟上游径流模型的结构和模拟结果较为合理。

3.6.3　黄崩溜沟山洪模拟

1. 率定期

以 2006 年黄崩溜沟流域（2006 年 7 月 2 日 0:00 到 8 月 2 日 9:00）的 13 场洪水为例，进行洪水模拟，并将目标函数由 NSE 改为注重峰值的 NSE。整个率定期的模拟过程及径流成分划分如图 3.35 和图 3.36 所示（其中 QD 为地表径流，QS 为土壤水径流，下同）。

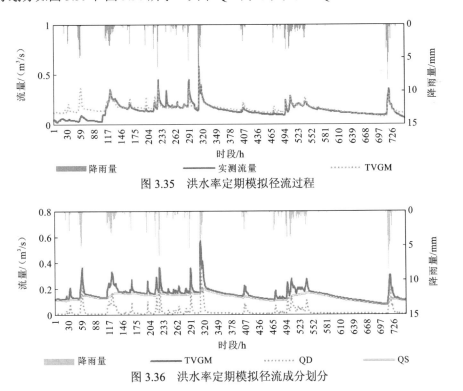

图 3.35　洪水率定期模拟径流过程

图 3.36　洪水率定期模拟径流成分划分

另外可得新安江三水源模型、SSFM、TVGM 三种模型对各场洪水过程进行模拟的对比结果，如图 3.37、图 3.38、表 3.23 所示。

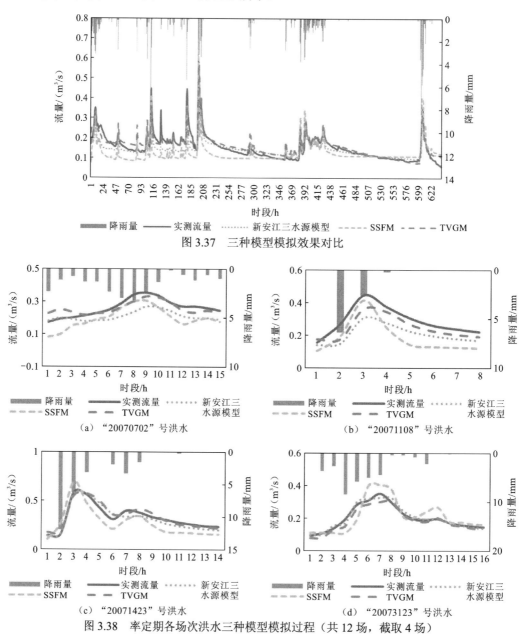

图 3.37　三种模型模拟效果对比

（a）"20070702"号洪水　　　　　（b）"20071108"号洪水

（c）"20071423"号洪水　　　　　（d）"20073123"号洪水

图 3.38　率定期各场次洪水三种模型模拟过程（共 12 场，截取 4 场）

根据模拟分析及统计结果，从径流序列来看，峰谷值最接近实测值的是新安江三水源模型，径流深误差最小、洪水 NSE 最大的是 TVGM，这与洪水过程模拟图中看到的一致。根据相关预报结果精度评定，可以得出以下结论：洪峰误差预报合格率最高的是 SSFM，径流深预报合格率最高的是 TVGM，峰现时间预报合格率最高的是新安江三水源模型和 TVGM。求出新安江三水源模型、SSFM、TVGM 预报方案的平均合格率分别为 77.78%、72.22%、83.33%，说明三种模型中 TVGM 效果最好，TVGM 在冰川流域适应性更强；在洪峰模拟精度方面，SSFM 模拟结果较好。

表 3.23　三种模型模拟效果及合格率对比

序号	持续时间	新安江三水源模型			SSFM			TVGM		
		洪峰误差/%	径流深/%	峰现时间/h	洪峰误差/%	径流深/%	峰现时间/h	洪峰误差/%	径流深/%	峰现时间/h
1	15	-23.98	-20.16	0	-13.54	-24.83	0	-6.55	-1.45	+1
2	9	-13.49	-16.61	+1	-1.12	-33.85	+1	22.66	9.79	+1
3	6	13.92	4.11	0	25.79	-18.56	0	62.09	38.36	0
4	9	-5.48	-10.20	0	18.29	-19.58	0	31.51	18.44	0
5	8	-31.24	-27.84	0	-6.90	-34.80	0	-18.82	-14.28	0
6	6	-54.23	-33.67	+1	-62.22	-49.57	0	-41.00	-17.59	+1
7	9	-40.94	-39.34	0	-19.35	-43.78	0	-19.42	-22.87	0
8	14	-1.42	-4.32	0	18.31	-17.60	0	-1.99	2.97	+1
9	8	-9.46	10.87	+1	22.57	24.88	+1	0.93	18.40	+1
10	15	-10.68	-0.23	-1	18.62	11.67	-2	-16.23	8.71	-1
11	11	-9.62	-14.71	+1	11.14	-10.41	0	19.79	5.64	+1
12	16	-7.31	1.19	0	14.75	6.47	0	-13.46	-7.82	+1
合格次数		8	8	12	9	6	11	8	10	12
合格率/%		66.67	66.67	100.00	75.00	50.00	91.67	66.67	83.33	100.00

注：滞后为"+"，提前为"−"

2. 检验期

根据率定期得到的参数，对检验期（2007 年 6 月 29 日 0:00 到 8 月 1 日 23:00）数据进行计算，结果如图 3.39 和图 3.40。径流划分情况和率定期情况接近，符合实际。

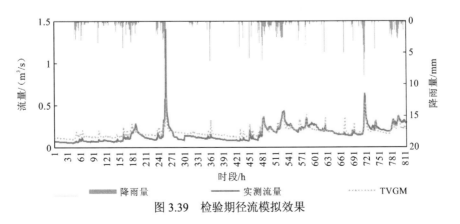

图 3.39　检验期径流模拟效果

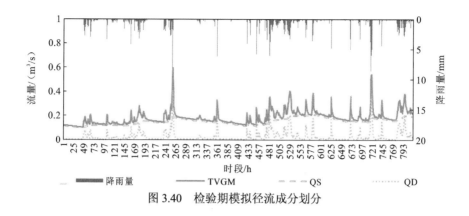

图 3.40 检验期模拟径流成分划分

选取 2007 年 7 月 9 场洪水中的 4 场，和新安江三水源模型、SSFM 的模拟效果进行对比，如图 3.41 所示。SSFM 模拟效果不佳，新安江三水源模型模拟效果虽好，但是仍不及 TVGM，部分模拟值偏离实测值较多，这与率定期得出的结果比较吻合。此外，还可以求出检验期 TVGM 预报方案的平均合格率为 81.48%，达到乙级精度，能够用于正式发布预报，结果同样表明了 TVGM 的优越性。

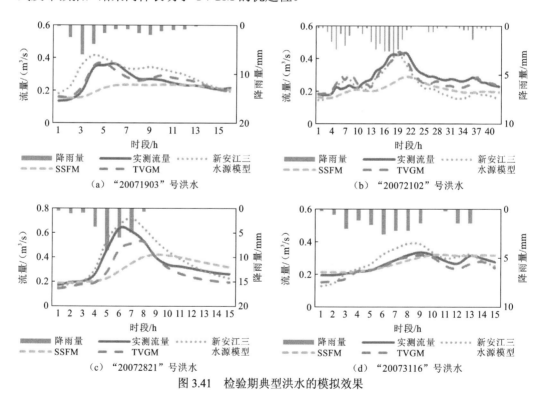

图 3.41 检验期典型洪水的模拟效果

3. 综合分析

通过模拟效果对比和分析，可以发现 TVGM 在黄崩溜沟流域模拟效果更佳，主要集中在径流深和峰现时间上，同时对典型洪水峰值的模拟也更优。分析 TVGM 在黄崩溜沟模拟效果好的原因，主要可以概括为以下两点。

（1）从资料情况来看：黄崩溜沟地处贡嘎，监测困难，能够获取的资料有限，难以满足复杂模型对大量基础数据的需要。而 TVGM 结构简单，参数较少，效率较高（夏军 等，2003），适合缺少数据的黄崩溜沟流域。

（2）从 TVGM 的特点来看：以 Volterra 泛函级数为依据的水文非线性模型，展开阶数越多，参数识别越难，不适合实际应用。而 TVGM 引入时变增益的概念，使得 Volterra 非线性泛函级数能用简单的水文系统概念性模型实现（夏军 等，2003）。TVGM 降雨径流的系统关系是非线性的，通过引入增益因子 G，使得产流过程中土壤湿度不同引起产流量变化，因此能考虑流域的时间变异性，这是其他两个模型都不具备的优点。

3.7　小　　结

本章主要介绍了几种最常见的水文模型，包括 TOPMODEL、TVGM、新安江三水源模型以及对应的河道洪水演进模型，并研发了 SSFM。在对主要研究流域——官山河流域的洪水灾害进行模拟分析之后，在官山河（包括黄沟流域）、望谟河、白沙河及贡嘎山区流域应用上述模型，并进行多模型比较分析，发现除冰川流域，SSFM 相比于原始模型的模拟效果有所提升，说明壤中暴雨流机制不仅仅是官山河独有的一种产流机制，而且适用于我国很多地区，对提升山洪模拟预报精度有着积极的意义。

第 4 章

基于多源降雨数据的山洪模拟

4.1 概　　述

降雨资料是洪水预报中最重要的信息之一，其时空变化严重影响洪峰流量和洪峰出现时间（魏林宏 等，2004）。目前降雨数据的测量方式主要有地面雨量站、天气雷达和气象卫星三种。地面雨量站观测是精度较高，技术较为成熟且应用最为广泛的一种方式，然而在山洪灾害频发的山丘区降雨空间分布往往不均匀，存在大量局地雨的情况，地面雨量站只能在点上精准测量，所代表的区域非常有限，很难准确反映降雨的空间分布，导致地面雨量站的数据质量难以满足山洪预警预报的需要（Collischonn et al.，2008）。卫星测雨技术能够提供具有较高时空分辨率的降水数据，其覆盖空间范围更广，能在一定程度上弥补其他来源降雨数据的缺陷（袁飞 等，2013）。目前，已有多位学者将热带降雨测量任务（tropical rainfall measuring mission，TRMM）卫星数据应用到了水文分析及其相关领域。例如，袁飞等（2013）将 TRMM 卫星数据在赣江上游径流模拟中进行了应用；刘俊峰等（2010）利用中国南方的降雨数据，发现随着时间尺度的增加，TRMM数据的估算精度逐渐提高；Brown(2006)对 TRMM 卫星数据进行了精度评定；Collischonn等（2008）使用 TRMM 卫星数据在亚马孙进行了日尺度的水文模型模拟；李相虎等（2012）利用 TRMM 卫星数据在鄱阳湖进行了时空分布和精度评定的研究。雷达作为一种主动遥感手段可得到具有一定精度的、大范围高时空分辨率的实时降雨信息，应用雷达进行降雨监测和面雨量计算，可以提高洪水预报的精度和时效性，在山洪灾害监测预报中有很好的应用前景（张利平 等，2008）。因此，雷达测雨在水文水资源的研究中日益受到关注（杨扬 等，2000），也有较多学者将雷达估测降雨技术应用到水文预报的工作中（李致家 等，2004）。例如，Qi 等（2010）基于雷达对山区进行降水定量估算；Gou 等（2018）使用雷达对青藏高原东部复杂地形进行了定量估测降雨；高玉芳等（2018）以西苕溪流域为例分析了雷达估测降雨水平分辨率对径流模拟的影响。

在将降雨资料应用于洪水预报的研究中，大部分学者都是将雷达定量估测降雨数据或 TRMM 卫星数据单一地与地面雨量站测雨数据进行对比分析和精度评定，很少有研究将这三种降雨数据同时在山洪预报中进行对比应用，比较多源降雨数据在水文预报中的可靠性。

本章以官山河流域为研究区域，构建 SSFM，将地面雨量站、天气雷达和气象卫星的降雨数据分别作为模型的输入条件，以洪水三要素的模拟精度对比分析各种降雨数据驱动下的模型模拟效果，探究不同降雨数据在山洪模拟中的适用性。

4.2 雨量站的实测降雨数据

流域的面雨量一般基于雨量站实测降雨数据，并采用泰森多边形法计算得到。

泰森多边形法即垂直平分法，适合地形高低起伏变化较小的流域使用。这个方法原理是假设位于流域内各点的雨量可以用离它最近站点测得的雨量来表示，故其具体做法是将相邻的 n 个站点相连，由此可以得到 $n-2$ 个三角形，再推求各三角形每条边的垂直平分线，以此将流域划分为各含一个站点的 n 个多边形，并以所得的各多边形面积为权重，进而计算流域平均面雨量，公式如下：

$$\overline{P} = \frac{1}{S}\sum_{i=1}^{n} S_i P_i \qquad (4.1)$$

式中：S 为流域面积，km^2；S_i 为第 i 个站点所在多边形的面积，km^2；n 为划分的多边形数 i，P_i 为第 i 个站点的实测降雨量，mm（詹道江 等，2010）。

官山河流域各控制站点控制面积和权重见表 4.1。

表 4.1　官山河流域各站控制面积及权重

站点	面积/km^2	权重
袁家河站	71.29	0.22
大马站	106.79	0.33
西河站	88.69	0.28
孤山站	52.78	0.17

根据泰森多边形法计算得到官山河流域面雨量，并以前期影响雨量 P_a 为参数，绘制降雨径流三变数相关图，如图 2.4 所示，且本书 2.1 节说明雨量站的降雨数据可能不够精确。这可能是由于山区小流域的降雨具有很强的空间异质性，有限的雨量站测到的降雨可能无法反映真实降雨分布。从 DEM 数据来看，官山河流域的高程范围为 235~1 634 m，高程的极差有 1399 m，集水面积为 322 km^2，地形变化较大。可以看出官山河流域地形起伏明显，山势陡峭，在这种条件下，局地气候明显。

4.3　雷达定量测量降雨数据

雷达定量测量降雨主要采用的是 $Z\text{-}R$ 关系法，其中，Z 为反射率因子，R 为降水强度。本节采用的技术思路是雷达和雨量计结合。具体实施过程为：基于覆盖官山河流域的新一代天气雷达资料和逐时地面雨量资料，融合生成雷达-雨量计的实时动态 $Z\text{-}R$ 关系，从而反演雷达观测范围内的定量降雨，定量刻画官山河流域暴雨的时空分布特征，并提供不低于 1 h、1 km 时空分辨率的雷达定量降雨估算产品（匡威 等，2020）。雷达定量降雨估测流程如图 4.1 所示。

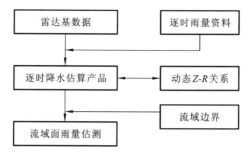

图 4.1 雷达定量降雨估测流程图（匡威 等，2020）

4.3.1 雷达数据质量控制及预处理

雷达数据质量控制及预处理主要是为了减少地物阻挡的影响。基于新一代天气雷达资料，可以对反射率场进行弱回波消除、噪声过滤等预处理后，提取出回波的三维结构特征量，运用模糊逻辑算法识别杂波，并进行剔除（匡威 等，2020）。

4.3.2 概率配对法确定 *Z-R* 关系

概率配对法（张培昌 等，2001）的原理是将反射率因子 Z 和降水强度 R 看作两个随机变量，而不是将两者看作时间和空间上一一对应的关系，Z、R 均在时间和空间上分别满足对数正态分布。计算出任一点的雨强和反射率因子出现的概率分别为 $P(R)\mathrm{d}R$ 和 $P(Z)\mathrm{d}Z$，以概率相等的原则对所有 Z、R 概率配对得到一系列的 Z-R 关系对。具体的配对原则使用 A Toroidal LHC Apparatus 建议的累计分布函数（cumulative distribution function，CDF）配对法，如下：

$$CDF = 100 \times \frac{\int_{Z_t}^{Z_i} ZP(Z)\mathrm{d}Z}{\int_{Z_t}^{\infty} ZP(Z)\mathrm{d}Z} = 100 \times \frac{\int_{R_t}^{R_i} RP(R)\mathrm{d}R}{\int_{R_t}^{\infty} RP(R)\mathrm{d}R} \qquad (4.2)$$

式中：Z_t、R_t 分别为设置的 Z、R 阈值；Z_i、R_i 分别为某一反射率因子和降雨量组中最大 Z、R 值。在实际计算中，对于离散的 Z、R 数据，CDF 可以由式（4.3）计算：

$$CDF = \frac{\sum_{Z_t}^{Z_i} n_{Z_i} Z_i}{\sum_{Z_t}^{\infty} n_{Z_i} Z_i} = \frac{\sum_{R_t}^{R_i} n_{R_i} R_i}{\sum_{R_t}^{\infty} n_{R_i} R_i} \qquad (4.3)$$

式中：n_{Z_i}、n_{R_i} 分别为反射率因子和雨强样本中值小于 Z_i 和 R_i 的样本数。

Z、R 满足指数关系 $Z=AR^b$，将关系式两边取对数，得 $\lg Z = \lg A + b \lg R$，由于雷达回

波强度 dBZ=10lg Z，可令 $m=10b$，$n=10$lg A，得 dBZ=$m$lg $R+n$，可以看出，dBZ 与 lg R 呈线性关系。概率配对法中先将 CDF 配对产生的 Z-R 关系对对数变换为 dBZ-lg R 关系对，对其线性拟合得到斜率 m 和截距 n，再通过 $m=10b$ 和 $n=10$lg A 计算关系系数 A、b，建立 Z-R 关系（匡威 等，2020）。

4.3.3　雷达定量估测降雨产品

根据以上原理方法，结合研究流域的雷达对降雨过程进行监测和估算。由于山区小流域的降雨存在着极大的空间变异性，有限的雨量站无法全面监测到降雨，必然导致山洪预警及预报的漏报和误报。为了弥补这种缺陷，可以使用雷达测雨技术进行定量降雨估测（quantitative precipitation estimation，QPE）（匡威 等，2020）。

对于官山河流域 2014～2015 年的几场主要降水过程，其 QPE 结果如图 4.2 和图 4.3 所示。

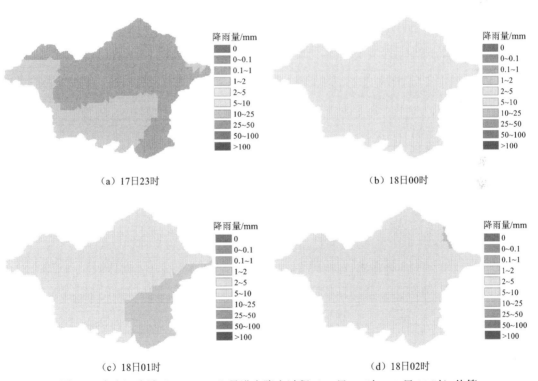

（a）17 日 23 时　　　　　　　　　　　　（b）18 日 00 时

（c）18 日 01 时　　　　　　　　　　　　（d）18 日 02 时

图 4.2　官山河流域"20140918"号洪水降水过程（17 日 23 时～18 日 02 时）估算

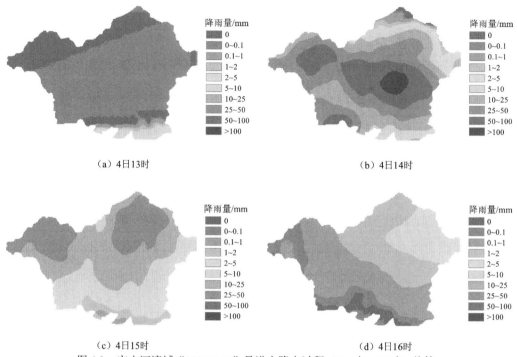

（a）4日13时　　　　　　　　　　　　　　（b）4日14时

（c）4日15时　　　　　　　　　　　　　　（d）4日16时

图4.3　官山河流域"20150804"号洪水降水过程（13时～16时）估算

4.4　TRMM 卫星数据

热带降雨测量任务是由美国国家航空航天局和日本国家宇宙开发事业团（National Space Development Agency of Japan，NASDA）联合发起的降水观测计划（袁飞 等，2013）。TRMM 气象卫星属于地球观测系统（earth observing system，EOS），于 1997 年底发射，轨道为圆形，倾角 35°，初始高度 350 km（杨传国 等，2009），使用星载微波辐射计遥感降水，专用于定量估测亚热带和热带地区的降水（Villarini and Krajewski，2007）。TRMM 卫星一共搭载了 5 种遥感仪器，包括：可见光和红外扫描仪（visible and infrared scanner，VIRS）、TRMM 微波图像仪（TRMM microwave imager，TMI）、降水雷达（precipitation radar，PR）、闪电图像仪（lighting imaging sensor，LIS）及云和地球辐射能量系统（clouds and the earth radiant energy system，CERES），其中 VIRS、TMI 和 PR 是 TRMM 卫星用于基本降水测量的仪器（何会中 等，2004）。美国国家航空航天局负责卫星本体、4 种仪器和运行系统，日本宇宙开发事业团负责测雨雷达和卫星发射（陈求发，2012）。TRMM PR 数据等系列产品从 1998 年开始提供，包括众多未知海洋和大陆区域的降雨及潜热通量时空四维分布的详细数据集，覆盖区域从最初的全球 35°S～35°N 到目前已扩展为全球 50°S～50°N，包括东北地区 50°N 以南的中国所有面积（杨传国 等，2009）。TRMM

卫星数据一般采用的是 TRMM 多卫星降水分析的 3B42RT 资料，资料的空间分辨率为 0.25°×0.25°，时间步长为 3 h；雷达降雨数据分为 4 级，从原始的回波资料（0 级）到降雨资料的时空平均值产品（3 级）（Huffman et al.，2007）。

TRMM 卫星数据的下载地址为 https://pmm.nasa.gov/data-access/downloads/trmm。获取的原始数据为 nc 格式，将原始数据中的降水数据读取为 csv 格式。

4.5　多源降雨数据的比较

使用 SSFM 对该流域洪水进行模拟，包括率定期洪水 5 场，检验期 5 场，模拟结果见表 4.2。根据 3.2.1 节结果分析，SSFM 在官山河流域山洪模拟中效果最好，因此可使用 SSFM 作为官山河流域的模拟模型来探究多源降雨数据在洪水预报中的精度评定。

表 4.2　模型模拟结果

时期	序号	洪号	洪量误差/%	洪峰误差/%	峰现时间差/h
率定期	1	19730906	−21.82	−33.91	0
	2	19750809	25.82	−52.87	−6
	3	19770718	−28.63	−46.90	3
	4	19800908	−25.57	−38.18	1
	5	19840928	−20.67	−36.96	−2
检验期	6	19831019	9.69	−28.34	1
	7	20090527	46.07	−19.12	2
	8	20100825	−4.61	−39.44	5
	9	20100608	−41.97	−67.23	−1
	10	20100906	−18.74	−34.32	−12
平均值			24.36	39.73	

使用 SSFM，以雷达降雨数据、TRMM 卫星数据、地面雨量站数据作为不同驱动对官山河的场次洪水进行模拟，不同场次洪水降雨数据和模拟结果的洪水三要素见表 4.3，误差分析见表 4.4，各场次洪水模拟过程线如图 4.4～图 4.6。

表 4.3   多源降雨数据及洪水三要素分析

指标	洪号	实测值	雨量站	雷达（QPE）	卫星（TRMM）
降雨量/mm	20140924	—	70.62	63.49	62.89
	20150808	—	58.98	91.13	72.95
	20150819	—	84.50	74.19	43.64
洪峰/（m³/s）	20140924	108.01	86.35	116.19	27.04
	20150808	431.25	102.80	418.89	42.72
	20150819	132.50	102.12	124.85	31.85
峰现时间	20140924	2020/9/18 10:00	2020/9/18 10:00	2020/9/18 10:00	2020/9/18 10:00
	20150808	2020/8/9 5:00	2020/8/9 5:00	2020/8/9 5:00	2020/8/9 5:00
	20150819	2020/8/19 8:00	2020/8/19 8:00	2020/8/19 8:00	2020/8/19 8:00
径流深/mm	20140924	33.90	33.44	29.37	37.97
	20150808	37.95	24.61	39.09	41.44
	20150819	26.04	31.05	30.24	26.32

表 4.4   误差评定

洪号	洪峰误差/%			峰现误差/h			径流深误差/%		
	雨量站模拟	QPE模拟	TRMM模拟	雨量站模拟	QPE模拟	TRMM模拟	雨量站模拟	QPE模拟	TRMM模拟
20140924	-20.05	7.57	-74.96	18	-3	-13	-1.35	-13.36	12
20150808	-76.16	-2.87	-90.09	5	1	-2	-35.13	3.01	9.22
20150819	-22.93	-5.77	-75.96	-2	-8	-15	19.27	16.16	1.09
平均误差	39.71	5.4	80.34	—	—	—	18.58	10.84	7.44

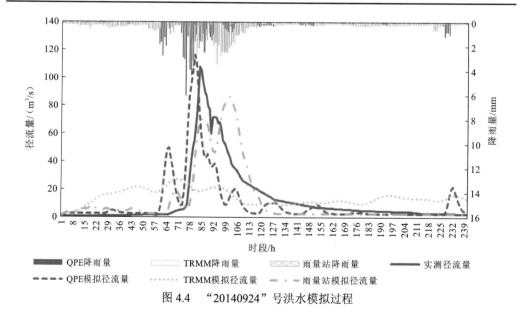

图 4.4   "20140924" 号洪水模拟过程

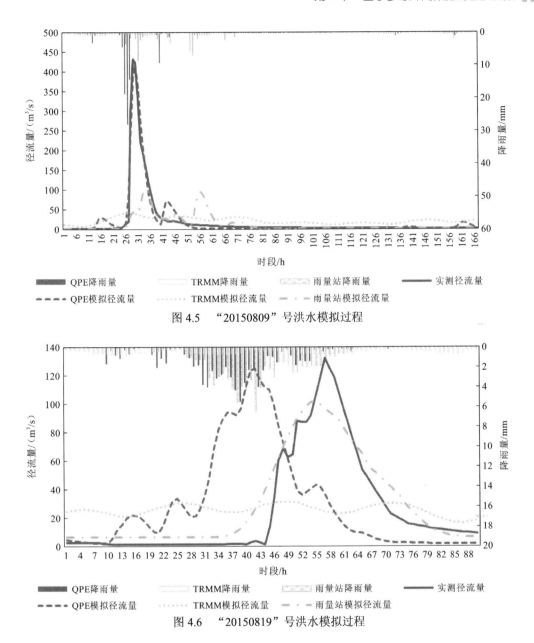

图 4.5 "20150809"号洪水模拟过程

图 4.6 "20150819"号洪水模拟过程

从洪峰误差来看，雷达降雨数据作为数据输入时，模拟的洪峰误差效果最佳，三场洪水的洪峰误差分别为 7.57%、2.87%、5.77%，误差的平均值为 5.4%；使用地面雨量站数据作为数据输入时，洪峰误差的平均值为 39.71%；使用 TRMM 卫星数据作为数据输入时，洪峰误差的平均值为 80.34%。

从峰现误差来看，不同降雨数据输入时，均有场次洪水模拟的峰现误差偏差较大的现象，地面雨量站数据作为输入时，3 场洪水中有 2 场洪水的峰现时间超过许可误差；雷达降雨数据作为输入时，3 场洪水中有 1 场洪水的峰现时间超过许可误差；TRMM 卫星数据作为输入时，3 场洪水中有 2 场洪水的峰现时间超过许可误差。

从径流深误差来看,TRMM卫星数据作为数据输入时,模拟的径流深误差效果最佳,径流深误差的平均值为7.44%;雷达降雨数据作为数据输入时,径流深误差的平均值为10.84%;使用地面雨量站数据作为数据输入时,径流深误差的平均值为18.58%。三种不同降雨数据作为输入时,径流深误差模拟效果均良好,总体的径流深误差平均值均在许可误差范围之内。

从单场洪水模拟过程来看,对于"20150809"号洪水,只有使用雷达降雨数据作为模型输入时,模拟的洪水过程线和实测洪水过程线接近,使用地面雨量站数据或TRMM卫星数据作为模型输入时,模拟的洪水过程线与实测洪水过程线偏差较大,表明地面雨量站降雨数据和实测流量过程不匹配,属于"雨小水大"的情况,此时使用雷达降雨数据作为模型输入可以提高模型的模拟效果。TRMM卫星数据作为模型输入时,三场洪水的模拟过程线均较为平滑,没有明显的洪峰出现,洪峰误差较大,表明TRMM卫星数据不太能反映该区域场次洪水过程中的降雨情况,不能用作山洪预报过程中的数据输入。对于"20140924"和"20150819"号洪水,使用地面雨量站数据作为模型输入时,模拟效果不错,洪峰误差在20%左右,径流深误差在20%以内,表明地面雨量站如果监测到了全流域的降雨过程,也可以在模型模拟过程中有较好的效果。

4.6 小　　结

本章以地面雨量站、天气雷达和气象卫星三种来源的降雨数据分别作为模型的输入条件,研究不同来源的降雨数据对洪水模拟的影响,分析不同降雨数据在山区小流域山洪模拟中的适用性,得出以下结论:①降雨空间变异性强,地面雨量站监测数据与径流数据匹配性较差;②雷达定量估算降雨可以在一定程度上弥补流域内降雨资料获取上的不足,尤其是对雨量站稀少或是无雨量站的中小流域(殷志远 等,2020),雷达估测降雨在山洪预报的应用中有较为重要的价值;③TRMM卫星数据用作山区小流域洪水预报的输入数据时,空间分辨率太低,面雨量均化严重,且时间分辨率不够,不适合用作山区小流域的洪水预报。

第 5 章

山区小流域致灾设计洪水

5.1 山区小流域致灾设计洪水的概念

2018 年，国家重点研发计划项目"山洪灾害监测预警关键技术与集成示范"提出了"致灾设计洪水"，但并未给出明确的概念和定义。对于设计洪水的研究，国外起步较早，1914 年 Fuller 首次在频率格纸上点绘洪水经验频率曲线，推求设计洪水，至今已有 100 余年；我国自 1949 年以来，也开展了大量关于设计洪水标准和计算方法的研究，经历了从历史洪水资料加成到频率分析计算的过渡（郭生练 等，2016；王国安，2008），形成了一套比较完整的设计洪水计算方法体系。但是，现有研究成果未见对"致灾设计洪水"概念的阐述，而致灾设计洪水计算是开展山区流域洪水灾害预测预报的基础，因此有必要对山区小流域致灾设计洪水的基本概念、内涵及特征进行探讨。

5.1.1 设计洪水的概念

洪水是指由流域内面积较大、强度较大、历时较大的暴雨，或不寻常的融雪等产生的地面径流，汇入河道形成异常高水位的水流，该水流流量超过某处河道正常的泄流能力就有可能造成洪水灾害（夏征农和陈至立，2009）。设计洪水是指具有规定功能的一场特定洪水，其具备的功能是：以频率等于设计标准的原则，求得该频率的设计洪水，以此为据而规划设计出的工程，其防洪安全事故的风险率应恰好等于指定的设计标准。根据指定设计标准计算的设计洪水，其功能是通过将其输入到流域防洪工程措施系统后得到体现的：经过系统作用（如水库调洪演算），不仅输出设计洪水位、防洪库容等参数，同时也输出其防洪后果，得到该系统的防洪安全事故风险率，该风险率恰好等于设计标准（詹道江 等，2010）。设计洪水主要内容包括设计洪峰流量、不同时段的设计流量和设计洪水过程线，根据工程特点和设计要求，可采用上述全部或部分内容（夏征农和陈至立，2009）。

5.1.2 致灾设计洪水的概念

致灾设计洪水主要针对山丘区小流域，与大、中流域相比，小流域设计洪水有如下特点（曹叔尤 等，2013；詹道江 等，2010）：①一般在小流域上修建的工程数量很多，暴雨和流量资料往往缺乏，尤其是流量资料；②一般小型工程的数量居多，且分布面广，洪水计算方法不应复杂，力求简便；③小型工程一般对洪水的调节能力较小，工程规模主要受洪峰流量控制，因此对设计洪峰流量的要求往往高于对设计洪水过程的要求。山洪灾害是指由降雨在山丘区引发的洪水及由山洪诱发的泥石流、滑坡体等对国民经济和人民生命财产造成损失的灾害。山洪灾害具有以下特点：①分布广泛、数量大，以溪河洪水灾害尤为突出和普遍；②突发性强，预测预防难度大；③成灾快，破坏性强；④季节性强，频率高；⑤区域性明显，易发性强（张平仓 等，2006）。

根据实际背景，结合小流域设计洪水和山洪灾害特点，将致灾设计洪水定义为：为防止山丘区小流域沿河房屋等承灾体发生洪水淹没而拟定的、符合指定设计标准的、当地可能出现的洪水。致灾设计洪水认为降水和洪水的频率很可能不一致，因此无法简单地用降雨阈值或设计暴雨来获得相同频率的设计洪水。

5.2　山区小流域致灾设计洪水的内涵

5.2.1　承灾体

承灾体是指在灾害事件中的承灾要素，是致灾因子作用的对象。不同承灾体具有各自的特征，承灾体的性质决定了灾害风险的形式、大小和特点（武杰，2018；刘玙婷，2016；苏桂武和高庆华，2003）。山洪在其运动过程中对客观环境会造成灾害和影响，此客观环境即为承灾体。山洪灾害的承灾体主要包括道路通信设施、城镇居民楼、农田、自然资源、生态环境及社会环境等（曹叔尤 等，2013）。根据《全国山洪灾害防治规划》（马建华 等，2007），山洪灾害防治以最大限度地减少人员伤亡为首要目标，搬迁避让是重要的防治措施。由于山丘区经济一般欠发达，房屋是老百姓最主要的财产之一，也是反映山洪致灾程度的重要表征，当房屋发生灾害时，老百姓也必然遭受生命或财产损失，因此，选用山丘区的沿河房屋作为致灾设计洪水的承灾体。根据《山洪灾害调查技术要求（试行）》（全国山洪灾害防治项目组，2014b），山丘区沿河房屋按照结构形式可划分为钢混结构、混合结构、砖木结构和其他结构，按照建筑类型，可划分为 1 层住宅、2 层住宅、3 层住宅、3 层以上住宅及其他形式住宅，据此可进一步将致灾设计洪水划分为不同的等级。

5.2.2　致灾表现形式

一方面，山洪对其集流区、流通区、堆积区等活动区内的生态环境、城镇、居民点、工农业、交通、水利设施、通信、旅游、资源及人民生命财产等会造成直接破坏和伤害；另一方面，山洪挟带的大量泥沙会堵塞干流河道，给干流上游、下游地区造成灾害。由于山洪的规模、性质、地形条件和受灾对象不同，山洪的危害方式也表现为多种，主要有淤埋、冲刷、撞击、堵塞、漫流改道、磨蚀、弯道超高与爬高、挤占主河道等（曹叔尤 等，2013）。对于房屋而言，山洪致灾的表现形式有淹没、淤埋、冲刷、撞击、倒塌等。由于淤埋需要考虑山洪中的泥沙物质组成、含沙量等因素，而山丘区泥沙物质组成极为复杂，测量难度大；冲刷和撞击是山洪力学特性的外在表征，涉及水流流速、山洪中泥沙物质组成、含沙量等多个因素，具有复杂的力学机制，难以直接定量测量与计算；倒塌除了要考虑山洪冲刷、撞击等复杂的力学机制，还需考虑承灾体房屋的结构形式、建筑类型等，更为复杂且难以定量计算。因此，从便于观测应用和指导山丘区人民对山洪灾害防御的角度考虑，这里将淹没作为山洪中房屋受灾的主要表现形式。

5.2.3　防洪标准

防洪标准是指防洪工程抵御洪水的水平或能力，一般以某一重现期（如十年一遇、百年一遇等）的设计洪水为标准（夏征农和陈志立，2009）。按照国家颁布的《防洪标准》（GB 50201—2014），防洪标准有两个概念（詹道江 等，2010），一是水工建筑物本身的防洪标准，二是与防洪对象保护要求有关的防洪区的防洪安全标准。水工建筑物本身的防洪标准，根据工程规模、效益和在国民经济中的重要性进行等级划分；防洪区的防洪安全标准，依据防护对象的重要性进行分级设定。山洪灾害是洪水灾害的重要表现之一，山洪防御的标准也应符合《防洪标准》。山丘区一般人口数量不多，沿河房屋淹没被确定为山洪致灾的主要形式，且不考虑房屋受灾时抗洪水冲击的能力，因此，致灾设计洪水的防洪标准可参考与防洪对象保护要求有关的防洪区防洪安全标准的概念。根据《防洪标准》选用乡村防护区的标准，见表 5.1。

表 5.1　致灾设计洪水的参考防洪标准

防护等级	人口/万人	耕地面积/万亩	防洪标准（重现期/年）
I	≥150	≥300	100～50
II	<150，≥50	<300，≥100	50～30
III	<50，≥20	<100，≥30	30～20
IV	<20	<30	20～10

注：人口密集、乡镇企业较发达或农作物高产的乡村防护区，其防洪标准可提高；地广人稀或淹没损失较小的乡村防护区，其防洪标准可降低

5.2.4　灾害风险的等级划分

灾害风险是指导致灾情或灾害产生之前，由风险源、风险载体（即承灾体）和人类社会的防减灾措施等三方面因素相互作用而产生的，人们不能确切把握且不愿接受的一种不确定性态势（苏桂武和高庆华，2003）。对于不同的山丘区，相同标准的洪水，可能给当地造成的灾害损失（即带来的风险）也并不相同。为了进一步阐明致灾设计洪水的内涵，需要在分析防洪标准的基础上，对山洪灾害风险的等级划分做进一步说明。依据《山洪灾害分析评价技术要求》（全国山洪灾害防治项目组，2014a），山洪灾害风险等级的划分，依据五年一遇、二十年一遇、百年一遇[或最高历史洪水位，或可能最大洪水

（probable maximum flood，PMF）的最大淹没范围]的洪水位确定，具体见表5.2。对于某一山丘区而言，山洪的特征水位是指沿河房屋地基淹没时的洪水位。

表 5.2　山洪灾害风险等级划分标准

风险等级	洪水重现期	说明
极高危险	小于五年一遇	属于较高发生频次
高危险	大于或等于五年一遇，小于二十年一遇	属于中等发生频次
危险	大于或等于二十年一遇至历史最高（或PMF）洪水位	属于稀遇发生频次

5.3　山区小流域致灾设计洪水的基本特征

5.3.1　致灾设计洪水与设计洪水的异同

根据致灾设计洪水的概念与内涵，致灾设计洪水应是设计洪水的一种特殊表现形式，两者之间既有诸多相同之处，又具有明显的差异。按照二元水循环理论（贺华翔 等，2013），洪水应具有自然和社会双重属性，当其未造成灾害时，更多地表现为自然属性，而一旦造成灾害，则更多地呈现出社会属性。在自然属性方面，致灾设计洪水与设计洪水具有高度的一致性，都包括设计洪水水位、设计洪峰流量、设计洪水过程及设计洪水频率等特征要素，但是认为山区小流域的致灾设计洪水在同等降水条件下，径流会随着土壤含水量、下垫面、防洪工程的变化而变化，因此，降水和洪水的频率通常不一致。在社会属性方面，对于重点关注的特征要素而言，山丘区沿河房屋对洪水无调节能力，因而致灾设计洪水对设计洪峰流量和设计水位的要求，要高于对设计洪水过程的要求；而设计洪水则不然，其根据不同的防护对象，除了关注设计洪峰流量和设计水位，设计洪水过程也同样重要。在承灾体方面，致灾设计洪水主要关注山丘区的沿河房屋，而设计洪水则面向防洪保护区、工矿企业、交通运输设施、电力设施、环境保护设施、文物古迹和旅游设施及水利水电工程等各行业领域，且每个行业领域又细分为多种对象，涵盖了社会经济发展的各个方面。在致灾形式方面，致灾设计洪水主要针对房屋淹没，而设计洪水除此之外，还需考虑冲刷、撞击等力的作用。在防洪标准方面，致灾设计洪水主要采用乡村防护区的标准，而设计洪水则涵盖范围更广。在风险等级方面，致灾设计洪水仅针对山丘区沿河房屋，且防洪标准一般小于百年一遇，因此风险等级划分为极高危险、高危险和危险三类，而设计洪水则由于防护对象的不同和防洪标准的差异，有着复杂的风险等级划分。致灾设计洪水与设计洪水的特性对比见表5.3。

表 5.3 致灾设计洪水与设计洪水的特性对比

	特征项目	致灾设计洪水	设计洪水
自然属性	设计洪水水位	被选作设计标准和依据的水位	被选作设计标准和依据的水位
	设计洪峰流量	设计洪水流量过程中最大的瞬时流量	设计洪水流量过程中最大的瞬时流量
	设计洪水过程	符合设计标准的洪水流量随时间变化的过程	符合设计标准的洪水流量随时间变化的过程
	设计洪水频率	设计洪水出现的频率	设计洪水出现的频率
社会属性	设计重点	设计水位、设计洪峰流量	设计水位、设计洪峰流量、设计洪水过程
	承灾体	山丘区的沿河房屋	防洪保护区、工矿企业、交通运输设施、电力设施、环境保护设施、文物古迹和旅游设施及水利水电工程等
	致灾形式	房屋淹没	淹没、冲刷、撞击等
	防洪标准	《防洪标准》中乡村防护区的防洪标准	《防洪标准》中的全部标准
	风险等级	极高危险、高危险、危险	综合考虑防护对象和防洪标准进行划分

5.3.2 致灾设计洪水的尺度

洪水致灾既受流域大小等空间尺度的影响，也受降雨产汇流及洪水演进等时间尺度的制约。在空间尺度上，设计洪水既有针对大型工程的大空间尺度，也有针对小型工程的小流域尺度，同时还有针对一些中型工程的区域空间尺度；在时间尺度上，设计洪水既有针对大型工程多年径流调节的长历时计算，也有针对无调节能力的短历时计算，同时还有针对具有年径流调节能力工程的计算。对于致灾设计洪水而言，其承灾体主要为山丘区沿河房屋，而房屋无径流调节能力，因此，该计算在空间尺度上，以小流域为主，一般小于 50 km^2；在时间尺度上，山洪暴涨暴落，因此通常以小时作为时间计算尺度。

5.4 山区小流域致灾设计洪水的计算方法

5.4.1 基本资料

1. 资料收集与复核

根据致灾设计洪水计算的需要，应收集的基本资料包括气象水文资料和下垫面资料两大类。气象水文资料主要包括小流域降雨、径流、历史洪水、河道特征参数等，此类资料以统计数据形式为主；下垫面资料主要包括自然地理概况、地形地貌、土地利用、植被覆盖等，此类资料以卫星影像格式为主。

　　基本资料复核，主要是对资料的可靠性、一致性和代表性审查分析。对计算致灾设计洪水所依据的暴雨、洪水和流域、河道特征资料应进行合理性检查，对水尺零点高程变动情况及洪水年份的浮标系数、水面流速系数、推流借用断面情况等应重点检查和复核，必要时还应进行调查比测。对于反映小流域土地利用、沿河房屋分布情况的影像资料，也应进行现场比对。资料复核中，对有明显错误或者存在系统偏差的资料，应予改正。

2. 气象水文资料

　　气象水文资料主要包括从水文年鉴、小流域所在水文站点等获取的降雨径流资料、河道特征资料、历史洪水及水文站点位置资料。对于降雨资料，除可以从小流域所在的雨量站获取外，还可以通过雷达数据进行定量降雨估算。雷达数据一般来自小流域所在地区的雷达测站。

3. 下垫面资料

　　下垫面资料主要包括地形资料、土地利用资料、植被覆盖资料和土壤资料等。目前，可通过网上下载及向相关机构购买遥感影像数据，对遥感影像数据进行解译分析获取地形及土地利用等下垫面资料。遥感影像数据可以进行土壤含水量和蒸发量的反演。地形资料可以用航天飞机雷达地形测绘任务（shuttle radar topography mission，SRTM）从 2003 年开始公开发布的相关数据。卫星影像资料可以用 Landsat 8 影像或 Terra/中分辨率成像光谱仪（moderate-resolution imaging spectroradiometer，MODIS）影像。土地利用数据可以用中国科学院计算机网络信息中心国际科学数据镜像网站数据，也可基于 MODIS 或 Landsat 数据，用监督分类的方法，在 ENVI 中反演得到。

5.4.2　传统计算方法

1. 小流域设计暴雨计算

　　小流域面积较小且缺少空间上的实测暴雨系列，一般忽略暴雨在地区上分布的不均匀性，由流域中心点处的点雨量作为流域面雨量。需要注意的是，假定小流域设计洪水与设计暴雨具有相同频率特性。小流域设计暴雨计算采用以下步骤推求。

　　首先按照省（自治区、直辖市）水文手册及《暴雨径流查算图表》上的资料计算特定历时的设计暴雨量。特定历时一般指 24 h。然后将特定历时的设计暴雨通过暴雨公式转化为任意一段历时的设计暴雨量（曹叔尤 等，2013）。

2. 小流域设计洪峰流量计算

计算小流域的设计洪峰流量，一般采用推理公式法或经验公式法。

1）推理公式法

常见的推理公式包括两种，一种是沿用至今已130多年的一般推理公式，是最早根据降雨资料推求洪峰流量的方法之一，英、美称为"合理化方法"，苏联称为"稳定形势公式"（曹叔尤等，2013）。该公式假定产流强度在时间和空间上都均匀，经过线性汇流推导，可得出形成洪峰流量的计算公式。

另一种是中国水利水电科学研究院推理公式，是由陈家琦等于1957年提出的，目前它是中国水利水电工程设计洪水规范推荐使用的小流域设计洪水计算方法。

2）经验公式法

计算洪峰流量的地区经验公式是根据一个地区各河流的实测洪水和调查洪水资料，找出洪峰流量与流域特征、降雨特征之间的关系，从而建立起关系方程式。这些方程都是根据某一地区实测数据制定的，只适用于该地区，所以称为地区经验公式。

影响洪峰流量的因素是多方面的，包括地质地貌特征（植被、土壤、水文地质等）、几何形态特征（集水面积、河长、比降、河槽断面形态等）及降雨特性。地质地貌特征往往难于定量，在建立经验公式时，一般采用分区的办法加以处理。因此，经验公式的地区性很强。

经验公式最早见于19世纪中期，由洪峰流量与流域面积建立关系。由于当时水文资料十分缺乏，没有频率概念。之后，随着工程建设的开展，各国在建立地区经验公式方面做了许多工作，使经验公式逐渐具备了新的形式和内容。但是，此类公式受实测资料限制，缺乏大洪水资料的验证，不易解决外延问题（曹叔尤等，2013）。

3. 小流域设计洪水过程线推求

对于一些小流域，计算致灾设计洪水，只需要计算设计洪峰流量即可，如果小流域中存在中小型水库，且中小型水库对洪水具有一定的调蓄作用，则需要推求设计洪水过程线。一般用于推求小流域洪水过程线的方法有概化洪水过程线法和综合单位线法。

概化洪水过程线是根据已有的实测洪水资料，经过地区综合分析和简化而得。概化线型有三角形、五边形和综合概化过程线等形式。概化洪水过程线法概念简单，方法易懂，得到了广泛应用（曹叔尤等，2013）。

5.4.3　模型模拟计算方法

用于小流域致灾设计洪水计算的模型主要包括 TOPMODEL、新安江三水源模型、TVGM、基于壤中暴雨流的山区水文模型。

1）TOPMODEL

TOPMODEL 的基本产流模式为蓄满产流，其基本原理参见 3.1.1 小节。TOPMODEL 以地形因子为核心，适用于地形复杂的山区小流域，可用于模拟山区小流域的致灾设计洪水。

2）新安江三水源模型

新安江三水源模型的产流机制为蓄满产流，其基本原理参见 3.1.2 小节。新安江三水源模型广泛应用于我国南方湿润地区，且应用效果较好，因此可用于南方湿润山区小流域的致灾设计洪水模拟。

3）TVGM

TVGM 应用了时变增益地表产流的概念，考虑了径流产出和降水之间的非线性关系，这一概念与壤中暴雨流机制的非线性过程密切相关。由于山区小流域常出现降雨径流不同频的现象，TVGM 适用于山区小流域致灾设计洪水的模拟。

4）基于壤中暴雨流的山区水文模型

基于壤中暴雨流的山区水文模型以壤中暴雨流机制为基础，考虑了植被密集区的冠层降雨截留量。相比于传统水文模型，针对山区小流域致灾设计洪水进行模拟，基于壤中暴雨流的山区水文模型的模拟效果更好。

5.5　小　　结

（1）山区小流域致灾设计洪水是指为防止山丘区小流域沿河房屋等承灾体发生洪水淹没而拟定的、符合指定设计标准的、当地可能出现的洪水。该设计洪水所针对的承灾体是山丘区房屋，其致灾形式主要为房屋淹没。山洪灾害是洪水灾害的重要表现之一，致灾设计洪水的标准可采用与防洪对象保护要求有关的防洪区防洪安全标准的概念，参考执行《防洪标准》中乡村防护区的标准。山洪灾害风险等级可依据五年一遇、二十年一遇、百年一遇划分为极高危险、高危险和危险三类。

（2）洪水具有自然和社会双重属性，在自然属性方面，致灾设计洪水与设计洪水具有高度的一致性，都包括设计洪水水位、设计洪峰流量、设计洪水过程及设计洪水频率等特征要素，两者的差异主要体现在社会属性方面。对于设计重点，致灾设计洪水多在于设计水位和设计洪峰流量，设计洪水往往关注洪水的全部要素；对于承灾体，致灾设计洪水主要关注山丘区的沿河房屋，设计洪水往往涵盖社会经济发展的各个方面；对于致灾形式，致灾设计洪水主要针对房屋淹没，设计洪水则需考虑淹没、冲刷、撞击等综合作用；对于防洪标准，致灾设计洪水仅采用设计洪水标准中的乡村防护区标准，设计洪水则涵盖范围更广；对于风险等级，致灾设计洪水仅划分为三级，设计洪水则有着复杂的风险等级划分。河道洪水过程演进模型可模拟单次洪水过程中受灾体所在河道的水位、流量分布情况，并绘制出洪水风险图。

（3）山区小流域致灾设计洪水计算方法有传统计算方法和模型模拟计算方法两种。其中传统计算包括小流域设计暴雨计算、小流域设计洪峰流量计算及小流域设计洪水过程线推求；模型模拟计算使用的模型主要包括 TOPMODEL、新安江三水源模型、TVGM、基于壤中暴雨流的山区水文模型等。

第 6 章

结　论

本书研究了山洪的产汇流机理，初步确定了湿润山区小流域山洪过程的主要产流机制是壤中暴雨流机制。在典型示范区进行了山洪模拟模型的比选和深入研究，研发了SSFM，同时进行了山区河道洪水过程演进模拟和洪水灾害模拟模型开发，探讨了致灾设计洪水概念，提出了山区小流域致灾设计洪水计算方法。

（1）典型研究区的山洪多为壤中暴雨流机制。研究发现降雨径流相关性差的洪水主要有两类："雨大水小"和"雨小水大"。分析相关性较差的降雨-洪水过程的特征，认为湿润山区小流域的产流机制可能为壤中暴雨流机制。在官山河黄沟流域建设野外水文观测站及野外土壤分层观测站，对观测成果进行分析，发现壤中流整体径流量占比超过50%，且由于山坡表层透水性强，降雨会快速下渗并蓄积在相对不透水层上，形成各层径流，与壤中暴雨流产流机制吻合，证明湿润山区产流机制符合壤中暴雨流机制。

（2）研制了SSFM。与传统水文模型相比，SSFM改进了模型产流部分，包括植被根系区下渗蒸发模式和土壤非饱和区产流模式，引入了饱和地下水区壤中暴雨流的产汇流计算。用SSFM，对官山河、白沙河、望谟河、官山河黄沟小流域和贡嘎山区流域的洪水过程进行模拟，结果表明：SSFM在非冰川的山区小流域如官山河等的山洪模拟中效果较好，优于传统水文模型的模拟结果。

（3）使用雷达定量估测降雨能够改善山洪模拟的精度。雷达能够反映降雨的空间异质性，雷达定量估测降雨能够提高降雨测量的准确度，因此能够较为明显地提高洪水模拟的可靠性。但是，能够使用雷达定量估测降雨，提高模型的准确率的场次较为有限。因此，建议采用SSFM，并使用雷达定量估测降雨作为输入，双管齐下，才能切实有效地提高山洪模拟的精度。

（4）提出了山区小流域致灾设计洪水的概念和计算方法。明确了承灾体是山丘区房屋，其致灾形式主要为房屋淹没。山洪灾害风险等级可依据发生频率划分为极高危险、高危险和危险三大类，并初步提出了山区小流域致灾设计洪水计算方法和实施过程。

参考文献 References

包红军, 王莉莉, 李致家, 2016. 基于Holtan产流的分布式水文模型[J]. 河海大学学报(自然科学版), 44(4): 340-346.

包为民, 2009. 水文预报[M]. 4版. 北京: 中国水利水电出版社.

包为民, 王从良, 1997. 垂向混合产流模型及应用[J]. 水文(3): 18-21.

曹叔尤, 刘兴年, 王文圣, 2013. 山洪灾害及减灾技术[M]. 成都: 四川科学技术出版社.

曹真堂, 1995. 贡嘎山地区的冰川水文特征[J]. 冰川冻土, 17(1): 73-83.

柴岗, 张崇庆, 2013. 子洲县山洪灾害防治非工程措施建设方案探析[J]. 陕西水利, 4(4): 114-115.

陈家琦, 1957. 论现行小汇水面积雨洪最大流量计算方法[J]. 水利学报(1): 3-30.

陈利群, 刘昌明, 李发东, 2006. 基流研究综述[J]. 地理科学进展, 25(1): 1-15.

陈求发, 2012. 世界航天器大全[M]. 北京: 中国宇航出版社.

陈晓冰, 张洪江, 程金花, 等, 2015. 基于染色图像变异性分析的优先流程度定量评价[J]. 农业机械学报, 46(5): 93-100.

陈晓清, 崔鹏, 陈斌如, 等, 2006. 海螺沟050811特大泥石流灾害及减灾对策[J]. 水土保持通报, 26(3): 122-126.

程根伟, 1996. 贡嘎山极高山区的降水分布特征探讨[J]. 山地研究, 14(3): 177-182.

程根伟, 1998. 贡嘎山高山水文观测试验系统[J]. 水文, 43(5): 37-40.

崔普伟, 2010. 基于单元流域的黄土丘陵沟壑区岔巴沟流域次暴雨产沙经验模型研究[D]. 武汉: 华中农业大学.

高朝侠, 徐学选, 赵传普, 等, 2014. 土壤初始含水率对优先流的影响[J]. 中国水土保持科学, 12(1): 46-54.

高蜻, 2015. SWAT模型在望谟河流域适用性研究[D]. 贵阳: 贵州大学.

高蜻, 袁竟富, 成星霖, 等, 2015. 望谟河流域植被类型的地形分异分析[J]. 安徽农业科学, 43(10): 246-248, 286.

高玉芳, 陈耀登, 彭涛, 2018. 雷达估测降雨水平分辨率对径流模拟的影响: 以西苕溪流域为例[J]. 热带气象学报, 34(3): 347-352.

郭生练, 刘章君, 熊立华, 2016. 设计洪水计算方法研究进展与评价[J]. 水利学报, 47(3): 302-314.

郭生练, 熊立华, 杨井, 等, 2001. 分布式流域水文物理模型的应用和检验[J]. 武汉大学学报(工学版), 34(1): 1-5, 36.

韩培, 任洪玉, 王思腾, 等, 2020. 小尺度山洪灾害区下垫面特征分析: 以官山河流域为例[J]. 长江科学院院报, 37(7): 68-74.

何德伟, 马东涛, 黄海, 等, 2008. 贡嘎山旅游景区泥石流灾害及减灾对策[J]. 水土保持通报, 28(1): 140-144.

何会中, 崔哲虎, 程明虎, 等, 2004. TRMM卫星及其数据产品应用[J]. 气象科技, 32(1): 13-18.

何姗, 张利平, 夏军, 等, 2007. 牛栏江流域径流模拟与实时预报[J]. 武汉大学学报(工学版), 40(2): 60-64.

贺华翔, 周祖昊, 牛存稳, 等, 2013. 基于二元水循环的流域分布式水质模型构建与应用[J]. 水利学报, 44(3): 284-294.

黄艳, 张艳军, 袁正颖, 等, 2019. 水文模型在山洪模拟中的比较应用[J]. 水资源研究, 8(1)33-43.

贾衡, 2012. 基于 GIS 的 TOPMODEL 模型在流域径流模拟中的应用[D]. 长沙: 长沙理工大学.

贾长城, 2013. 都江堰市虹口乡小沟流域 "7.17" 泥石流特征分析[J]. 城市地质, 8(1): 38-42.

孔凡哲, 李莉莉, 2005. 利用 DEM 提取河网时集水面积阈值的确定[J]. 水电能源科学, 23(4): 65-67.

匡威, 毛北平, 郑力, 等, 2020. 雷达定量降水估算在官山河流域山洪模拟中的应用分析[J]. 水利水电快报, 41(7): 1-4, 13.

兰旻, 胡宏昌, 田富强, 等, 2013. 耦合多水动力过程的二维山坡产汇流数值模型及其在壤中流模拟中的应用[J]. 中国科学(技术科学), 43(12): 1309-1319.

雷少刚, 卞正富, 2008. 探地雷达测定土壤含水率研究综述[J]. 土壤通报, 39(5): 1179-1183.

李昌志, 郭良, 2013. 山洪临界雨量确定方法述评[J]. 中国防汛抗旱, 23(6): 23-28.

李大心, 1994. 探地雷达方法与应用[M]. 北京: 地质出版社.

李蝶娟, 周冰清, 1992. 自回归总径流线性响应模型在洪水预报中的应用[J]. 水科学进展, 3(2): 142-148.

李红军, 雷玉平, 郑力, 等, 2005. SEBAL 模型及其在区域蒸散研究中的应用[J]. 遥感技术与应用, 20(3): 321-325.

李莎, 曾勇, 2012. 贵州省望谟县望谟河 "2011·06" 暴雨洪水初步分析[C]//中国水文科技新发展: 2012 中国水文学术讨论会, 南京.

李文哲, 王兆印, 李志威, 等, 2014a. 阶梯-深潭系统的水力特性[J]. 水科学进展, 25(3): 374-382.

李文哲, 王兆印, 李志威, 等, 2014b. 阶梯-深潭系统消能机理的实验研究[J]. 水利学报, 45(5): 587-545.

李相虎, 张奇, 邵敏, 2012. 基于 TRMM 数据的鄱阳湖流域降雨时空分布特征及其精度评价[J]. 地理科学进展, 31(9): 1164-1170.

李秀博, 2010. 贡嘎山地区四种植被类型林冠截留特征及其对地下水补给的影响[D]. 成都: 成都理工大学.

李亚娇, 李怀恩, 李家科, 2003. 一种利用蓄满产流模型绘制降雨径流相关图的方法[J]. 西北水力发电, 19(2): 5-7.

李致家, 黄鹏年, 张永平, 等, 2015. 半湿润流域蓄满超渗空间组合模型研究[J]. 人民黄河, 37(10): 1-6.

李致家, 刘金涛, 葛文忠, 等, 2004. 雷达估测降雨与水文模型的耦合在洪水预报中的应用[J]. 河海大学学报(自然科学版), 32(6): 601-606.

李志威, 王兆, 张晨笛, 等, 2015. 人工阶梯: 深潭破坏案例与稳定性分析[J]. 水科学进展, 26(6): 820-828.

梁川, 陈梁, 陈建, 2009. 贡嘎山冰川森林区径流过程模拟[C]//寒区水循环及冰工程研究: 第 2 届 "寒区水资源及其可持续利用" 学术研讨会, 黑河.

刘俊峰, 陈仁升, 韩春坛, 等, 2010. 多卫星遥感降水数据精度评价[J]. 水科学进展, 21(3): 343-348.

刘青娥, 杨芳, 2005. TOPMODEL 水文模型理论及其应用[J]. 广东水利电力职业技术学院报, 3(3):

19-23.

刘亚平, 陈川, 1996. 土壤非饱和带中的优先流[J]. 水科学进展, 7(1): 85-89.

刘玙婷, 2016. 基于承灾体的区域灾害链风险研究[D]. 大连: 大连理工大学.

刘志雨, 2012. 山洪预警预报技术研究与应用[J]. 中国防汛抗旱, 22(2): 41-45, 50.

陆家驹, 张和平, 1997. 应用遥感技术连续监测地表土壤含水量[J]. 水科学进展, 8(3): 77-83.

吕儒仁, 高生淮, 1992. 贡嘎山海螺沟冰川冰舌地段的泥石流[J]. 冰川冻土, 14(1): 73-80.

吕允刚, 杨永辉, 樊静, 等, 2008. 从幼儿到成年的流域水文模型及典型模型比较[J]. 中国生态农业学报, 16(5): 1331-1337.

马建华, 仲志余, 王井泉, 等, 2007.《全国山洪灾害防治规划》(摘要)[J]. 中国水利, 58(14): 2-4.

马秀霞, 2018. TOPMODEL 模型在岔巴沟与灞河流域的应用比较研究[D]. 西安: 西安理工大学.

裴铁, 王番, 李金中, 1998. 壤中流模型研究的现状及存在问题[J]. 应用生态学报, 9(5): 3-5.

钱群, 2014. 中国西部湿润山区小流域水文响应过程[D]. 杭州: 浙江大学.

瞿思敏, 包为民, 张明新, 等, 2003. 新安江模型与垂向混合产流模型的比较[J]. 河海大学学报(自然科学版), 3(4): 374-377.

全国山洪灾害防治项目组, 2014a. 山洪灾害分析评价技术要求[EB/OL]. [2020-12-22]. http://jz.docin.com/p-1237230452.html.

全国山洪灾害防治项目组, 2014b. 山洪灾害调查技术要求(试行)[EB/OL]. [2020-12-22]. http://www.qgshzh.com/show/1401f904-23ba-4842-8d9e-3ec75042dd41.

芮孝芳, 2004. 水文学原理[M]. 北京: 水利电力出版社.

芮孝芳, 2013. 产流模式的发现与发展[J]. 水利水电科技进展, 33(1): 1-6, 26.

芮孝芳, 黄国如, 2004. 分布式水文模型的现状与未来[J]. 水利水电科技进展, 24(2): 55-58.

佘涛, 谢洪, 王士革, 等, 2008. 贡嘎山东坡湾东河泥石流的特征及危险度评价[J]. 水土保持研究, 15(3): 242-245.

沈焕庭, 1997. 中国河口数学模拟研究的进展[J]. 海洋通报, 16(2): 80-86.

盛丰, 张利勇, 王康, 2015. 土壤大孔隙发育特征对水和溶质输移的影响[J]. 土壤, 47(5): 1007-1013.

石教智, 陈晓宏, 2006. 流域水文模型研究进展[J]. 水文, 26(1): 18-23.

石牡丽, 2017. 瞬时单位线在清水河宝钛工业园区洪水预报中的应用[J]. 陕西水利, 86(2): 9-11, 24.

苏桂武, 高庆华, 2003. 自然灾害风险的分析要素[J]. 地学前缘, 10 (S1): 272-279.

孙娜, 周建中, 张海荣, 等, 2018. 新安江模型与水箱模型在柘溪流域适用性研究[J]. 水文, 38(3): 37-42.

万洪涛, 万庆, 周成虎, 2000. 流域水文模型研究的进展[J]. 地球信息科学, 5(4): 46-50.

万蕙, 夏军, 张利平, 等, 2015. 淮河流域水文非线性多水源时变增益模型研究与应用[J]. 水文, 35(3): 14-19.

王斌, 丁星臣, 黄金柏, 等, 2017. 基于 HWSD 的 GSAC 模型网格化产流参数估计与校正[J]. 农业机械学报, 48(9): 250-256, 249.

王春红, 2010. 贡嘎山东坡森林区地下水补给系数的尺度研究[D]. 成都: 成都理工大学.

王纲胜, 夏军, 谈戈, 等, 2002. 潮河流域时变增益分布式水循环模型研究[J]. 地理科学进展, 21(6): 573-582.

王贵作, 任立良, 2009. 基于栅格垂向混合产流机制的分布式水文模型[J]. 河海大学学报(自然科学版), 37(4): 386-390.

王国安, 2008. 中国设计洪水研究回顾和最新进展[J]. 科技导报, 26(21): 85-89.

王钧, 宫清华, 熊海仙, 2017. 粤西低山丘陵区崩塌滑坡灾害易发性分析[J]. 人民长江, 48(10): 47-53.

王渺林, 2008. 长江上游流域水文非线性分布式模型研究[D]. 北京: 中国科学院地理科学与资源研究所.

王渺林, 李身渝, 朱辉, 2006. 涪江流域分布式日径流模型[J]. 人民长江, 37(12): 42-43.

王维, 2017. 流域水文模型在山东省设计洪水计算中的适用性研究[D]. 泰安: 山东农业大学.

王云, 2017. 基于临界雨量的陕南地区山洪灾害预警指标研究与应用[D]. 咸阳: 西北农林科技大学.

王兆印, 张晨笛, 2019. 西南山区河流河床结构及消能减灾机制[J]. 水利学报, 50(1): 124-134.

魏林宏, 郝振纯, 邱绍伟, 2004. 雷达测雨在水文学中的应用: 影响预报精度的因素分析[J]. 水利水电技术. 35(5): 1-4.

温灼如, 张瑛玉, 刘培, 1987. 分层径流一维水动力学模型[J]. 水文, 32(3): 8-15.

文佩, 2006. 基流分割及基于改进 TOPMODEL 径流模拟[D]. 南京: 河海大学.

吴金津, 张艳军, 陈秀篁, 等, 2020. 水文模型在白沙河流域山洪模拟中的适用性研究[J]. 水资源研究, 9(2): 131-139.

吴巍, 计耀梅, 操道友, 2016. 中小河流水文站中高水洪峰流量三种分析计算相互验证[J]. 低碳世界, 6(6): 75-76.

吴志刚, 江滔, 樊艳磊, 等, 2016. 基于 Landsat 8 数据的地表温度反演及分析研究: 以武汉市为例[J]. 工程地球物理学报, 13(1): 135-142.

武杰, 2018. 基于承灾体区域特征的灾害损失风险评估研究[D]. 大连: 大连理工大学.

夏军, 王纲胜, 吕爱锋, 等, 2003. 分布式时变增益流域水循环模拟[J]. 地理学报, 58(5): 789-796.

夏军, 王纲胜, 谈戈, 等, 2004. 水文非线性系统与分布式时变增益模型[J]. 中国科学(D辑:地球科学), 34(11): 1062-1071.

夏军, 叶爱中, 王纲胜, 2005. 黄河流域时变增益分布式水文模型(I): 模型的原理与结构[J]. 武汉大学学报(工学版), 49(6): 10-15.

夏军, 叶爱中, 乔云峰, 等, 2007. 黄河无定河流域分布式时变增益水文模型的应用研究[J]. 应用基础与工程科学学报, 15(4): 457-465.

夏征农, 陈至立, 2009. 辞海: 第六版彩图本[M]. 上海: 上海辞书出版社.

熊立华, 郭生练, 2004. 分布式流域水文模型[M]. 北京: 中国水利水电出版社.

熊立华, 郭生练, 2005. 采用非线性水库假设的基流分割方法及应用[J]. 武汉大学学报(工学版), 49(1): 27-29.

徐宗恒, 徐则民, 曹军尉, 等, 2012a. 土壤优先流研究现状与发展趋势[J]. 土壤, 44(6): 905-916.

徐宗恒, 徐则民, 官琦, 等, 2012b. 不同植被发育斜坡土体优先流特征[J]. 山地学报, 30(5): 521-527.

徐宗学, 2009. 水文模型[M]. 北京: 科学出版社.

闫宝伟, 郭生练, 周建中, 2014. Nash 瞬时单位线推演河道汇流的完整公式[J]. 水科学进展, 25(3): 428-434.

闫宝伟, 李正坤, 段美壮, 等, 2020. 基于 Erlang 分布蓄水容量曲线的流域产流模型[J/OL]. 水科学进展:

1-8. [2020-12-22]. http://kns. cnki. net/kcms/detail/32. 1309. P. 20200907. 1732. 008. html.

杨传国, 余钟波, 林朝晖, 等, 2009. 基于 TRMM 卫星雷达降雨的流域陆面水文过程[J]. 水科学进展, 20(4): 461-466.

杨扬, 张建云, 戚建国, 等, 2000. 雷达测雨及其在水文中应用的回顾与展望[J]. 水科学进展, 11(1): 92-98.

杨针娘, 1988. 我国冰川水文三十年来的研究[J]. 冰川冻土, 10(3): 256-261.

叶爱中, 夏军, 王纲胜, 2006. 黄河流域时变增益分布式水文模型(II): 模型的校检与应用[J]. 武汉大学学报(工学版), 50(4): 29-32.

叶江, 2016. TOPMODEL 与新安江模型参数不确定性分析及其应用[D]. 南宁: 广西大学.

易立群, 缪韧, 林三益, 2000. 贡嘎山森林小流域水文特性探索[J]. 四川大学学报(工程科学版), 32(1): 89-94.

殷志远, 杨芳, 王斌, 等, 2020. 基于雷达估算降雨的湖北漳河流域径流模拟研究[J]. 自然灾害学报, 29(1): 143-151.

尹观, 王小丹, 高志友, 等, 2008. 贡嘎山海螺沟冰川径流水文规律的同位素示踪研究[J]. 冰川冻土, 30(3): 365-372.

袁飞, 赵晶晶, 任立良, 等, 2013. TRMM 多卫星测雨数据在赣江上游径流模拟中的应用[J]. 天津大学学报, 59(7): 611-616.

曾晓丽, 2015. 基于数值模拟的白沙河流域干沟泥石流风险评价[D]. 绵阳: 西南科技大学.

詹道江, 徐向阳, 陈元芳, 2010. 工程水文学[M]. 4 版. 北京: 中国水利水电出版社.

张承凤, 许明金, 2009. 望谟县"2006·6·12"洪水浅析: 以望谟河干流城区段为例[J]. 中国水运(下半月), 9(5): 137-139.

张东锋, 2017. 洪水预报多模型在栾川小流域的适用性研究[D]. 大连: 大连理工大学.

张光义, 夏军, 张翔, 等, 2007. 具有空间分布的超渗产流模型[J]. 人民黄河, 59(12): 18-20.

张鸿雪, 2016. 基于 TOPMODEL 模型的北洛河流域水文过程模拟及不确定性分析[D]. 西安: 西安理工大学.

张利平, 赵志朋, 胡志芳, 等, 2008. 雷达测雨及其在水文水资源中的应用研究进展[J]. 暴雨灾害, 27(4): 373-377.

张培昌, 杜秉玉, 戴铁丕, 2001. 雷达气象学[M]. 北京: 气象出版社.

张平仓, 任洪玉, 胡维忠, 等, 2006. 中国山洪灾害防治区划初探[J]. 水土保持学报, 20(6): 196-200.

张锐, 2017. 海螺沟温泉的水文地球化学特征及成因研究[D]. 成都: 成都理工大学.

张文华, 1982. 关于非线性洪水演算[J]. 水文, 27(5): 32-35.

张文华, 1990. 实用暴雨洪水预报理论与方法[M]. 北京: 水利电力出版社.

张越, 2019. 子洲县山洪灾害风险评价与情景模拟研究[D]. 西安: 西安科技大学.

赵人俊, 1984. 流域水文模拟: 新安江模型与陕北模型[M]. 北京: 水利电力出版社.

赵星, 2015. 贵州省望谟河泥石流自动化监测与预警研究[D]. 成都: 成都理工大学.

郑璟, 谭畅, 李春梅, 2015. 基于洪水淹没模型的山洪致灾临界雨量确定方法研究[C]//湖泊湿地与绿色发展: 第五届中国湖泊论坛, 长春.

中华人民共和国国务院, 2004. 地质灾害防治条例[EB/OL]. (2020-03-13)[2020-12-22]. http://www. ahanw. cn/news/38822/.

周华明, 王建军, 2014. 贡嘎山 相对高度众山之最[J]. 森林与人类, 34(10): 46-55.

邹文安, 刘兴富, 刘宝涵, 2000. 新安江模型在洪水预报中的应用[J]. 吉林水利, 20(11): 5-6.

ABBOTT M B, BATHURST J C, CUNGE J A, et al., 1986a. An introduction to the European Hydrological System-Systeme Hydrologique Europeen, "SHE", 1: History and philosophy of a physically-based, distributed modelling system[J]. Journal of hydrology, 87(1-2): 45-59.

ABBOTT M B, BATHURST J C, CUNGE J A, et al., 1986b. An introduction to the European Hydrological System-Systeme Hydrologique Europeen, "SHE", 2: Structure of a physically-based, distributed modelling system[J]. Journal of hydrology, 87(1-2): 61-77.

ADDOR N, NEWMAN A J, MIZUKAMI N, et al., 2017. The CAMELS data set: catchment attributes and meteorology for large-sample studies[J]. Hydrology and earth system sciences, 21(10): 5293-5313.

ALI S, GHOSH N C, SINGH R, 2010. Rainfall-runoff simulation using a normalized antecedent precipitation index[J]. Hydrological sciences journal, 55(2): 266-274.

ALLAIRE S E, ROULIER S, CESSNA A J, 2009. Quantifying preferential flow in soils: a review of different techniques[J]. Journal of hydrology, 378(1-2): 179-204.

ASSEM H, GHARIBA S, MAKRAI G, et al., 2017. Sequence to sequence learning with neural networks[C]// Joint European Conference on Machine Learning and Knowledge Discovery in Databases: 317-329.

BETSON R P, MARIUS J B, 1969. Source areas of storm runoff[J]. Water resources research, 5(3): 574-582.

BEVEN K, 1982. On subsurface stormflow-predictions with simple kinematic theory for saturated and unsaturated flows[J]. Water resources research, 18(6): 1627-1633.

BEVEN K, GERMANN P, 2013. Macropores and water flow in soils revisited[J]. Water resources research, 49(6): 3071-3092.

BEVEN K, LAMB R, QUINN P, et al., 1995. Topmodel//SINGH V P, Computer models of watershed hydrology[M]. Littleton: Water Resources Publications.

BOUGHTON W, 2004. The Australian water balance model[J]. Environmental modelling and software, 19 (10):943-956.

BRAMMER D D, MCDONNELL J J, KENDALL C, et al., 1995. Controls on the downslope evolution of water, solutes and isotopes in a steep forested hillslope[J]. Transactions of the American geophysical union, 76(46): 268.

BROWN J E M, 2006. An analysis of the performance of hybrid infrared and microwave satellite precipitation algorithms over India and adjacent regions[J]. Remote sensing of environment, 101(1): 63-81.

CHEN N, ZHANG Y, WU J, et al., 2020. The trend in the risk of flash flood hazards with regional development in the Guanshan River Basin, China[J]. Water, 12(6): 1815.

CHIFFLARD P, BLUME T, MAERKER K, et al., 2019. How can we model subsurface stormflow at the catchment scale if we cannot measure it[J]. Hydrological processes, 33(9): 1378-1385.

CHRISTIAENS K, FEYEN J, 2002. Use of sensitivity and uncertainty measures in distributed hydrological modeling with an application to the MIKE SHE model[J]. Water resources research, 38(9): 8-1-8-15.

CLARK C O, 1945. Storage and the unit hydrograph[J]. Proceedings of the American society of civil engineers, 69(9): 1333-1360.

COLLISCHONN B, COLLISCHONN W, TUCCI C E M, 2008. Daily hydrological modeling in the Amazon basin using TRMM rainfall estimates[J]. Journal of hydrology, 360(1-4): 207-216.

DINGMAN S L, 2015. Physical hydrology[M]. 3rd edition. New York: Macmillan Publishing Company.

DUAN J, MILLER N L, 1997. A generalized power function for the subsurface transmissivity profile in TOPMODEL[J]. Water resources research, 33(11): 2559-2562.

DUNNE T, 1978. Field studies of hillslope flow processes[M]// KIRKBY M. Hillslope hydrology. New Jersey: John Wiley & Sons: 227-293.

DUNNE T, BLACK R D, 1970. An experimental investigation of runoff production in permeable soils[J]. Water resources research, 6(2): 478-490.

ELSENBEER H, LACK A, 1996. Hydrometric and hydrochemical evidence for fast flowpaths at La Cuenca, western Amazonia[J]. Journal of hydrology, 180(1-4): 237-250.

ENGLER A, 1919. Untersuchungen über den einfluss des waldes auf den stand der gewsser[J]. Mitteilungen der eidgenössischen anstalt fur das forstliche versuchswesen, 8(12): 625.

FANG K, SHEN C, KIFER D, et al., 2017. Prolongation of SMAP to spatiotemporally seamless coverage of continental us using a deep learning neural network[J]. Geophysical research letters, 44(21): 11030-11039.

FARABET C, COUPRIE C, NAJMAN L, et al., 2013. Learning hierarchical features for scene labeling[J]. IEEE transactions on pattern analysis and machine intelligence, 35(8): 1915-1929.

FREER J, MCDONNELL J J, BEVEN K J, et al., 2002. The role of bedrock topography on subsurface storm flow[J]. Water resources research, 38(12): 1-16.

FREEZE R A, HARLAN R L, 1969. Blueprint for a physically-based, digitally-simulated hydrologic response model[J]. Journal of hydrology, 9(3): 237-258.

FULLER W E, 1914. Flood flows[J]. Transactions of the American society of civil engineers, 77 (1): 564-671.

GAO H, HRACHOWITZ M, FENICIA F, et al., 2014. Testing the realism of a topography-driven model (FLEX-Topo) in the nested catchments of the Upper Heihe, China[J]. Hydrology and earth system sciences, 18(5): 1895.

GENUCHTEN M T V, WIERENGA P J, 1976. Mass transfer studies in sorbing porous media I analytical solutions[J]. Soil science society of America journal, 40(4): 473-480.

GOU Y, MA Y, CHEN H, et al., 2018. Radar-derived quantitative precipitation estimation in complex terrain over the eastern Tibetan Plateau[J]. Atmospheric research, 100(203): 286-297.

GUEBERT M D, GARDNER T W, 2001. Macropore flow on a reclaimed surface mine: infiltration and hillslope hydrology[J]. Geomorphology, 39(3-4): 151-169.

HALEVY A, NORVIG P, PEREIRA F, 2009. The unreasonable effectiveness of data[J]. IEEE intelligent systems, 24(2): 8-12.

HAMMERMEISTER D P, KLING G F, VOMOCIL J A, 1982. Perched water tables on hillsides in western oregon . 1. some factors affecting their development and longevity[J]. Soil science society of America journal, 46(4): 811-818.

HENDRICKX J M H, FLURY M, 2001. Uniform and preferential flow mechanisms in the vadose zone[M]. Washington D C: National Academy Press.

HERRNEGGER M, NACHTNEBEL H-P, SENONER T, 2018. Adjustment of spatio-temporal precipitation patterns in a high Alpine environment[J]. Journal of hydrology, 556: 913-921.

HEWLETT J D, HIBBERT A R, 1963. Moisture and energy conditions within a sloping soil mass during drainage[J]. Journal of geophysical research, 68(4): 1081-1087.

HILL D E, PARLANGE J Y, 1972. Wetting front instability in layered soils[J]. Soil science society of America journal, 53(5): 697-702.

HINTON G, DENG L, YU D, et al., 2012. Deep neural networks for acoustic modeling in speech recognition: the shared views of four research groups[J]. IEEE signal processing magazine, 29(6): 82-97.

HOCHREITER S, UUML J, SCHMIDHUBER R, 1997. Long short-term memory[J]. Neural computation, 9(8): 1732-1780.

HOCK R, 2003. Temperature index melt modelling in mountain areas[J]. Journal of hydrology, 282 (1-4): 104-115.

HOLDEN J, BURT T P, 2002. Piping and pipeflow in a deep peat catchment[J]. CATENA, 48(3): 163-199.

HOPP L, MCDONNELL J J, 2011. Examining the role of throughfall patterns on subsurface stormflow generation[J]. Journal of hydrology, 409(1/2): 460-471.

HORTON R E, 1933. The Rôle of infiltration in the hydrologic cycle[J]. Eos, transactions American geophysical union, 14(1): 446-460.

HORTON R E, 1935. Surface runoff phenomena[M]. Michigan, Ann Arbor: Edwards Brothers Publications.

HUFFMAN G J, BOLVIN D T, NELKIN E J, et al., 2007. The TRMM multisatellite precipitation analysis (TMPA): Quasi-global, multiyear, combined-sensor precipitation estimates at fine scales[J]. Journal of hydrometeorology, 8(1): 38-55.

HURSH C R, BRATER E F, 1941. Separating storm-hydrographs from small drainage-areas into surface-and subsurface-flow[J]. Eos, transactions American geophysical union, 22(3): 863-871.

HUTCHINSON D G, MOORE R D, 2000. Throughflow variability on a forested hillslope underlain by compacted glacial till[J]. Hydrological processes, 14(10): 1751-1766.

JAROMIR D, TOMAS V, 2018. Hillslope hydrograph separation: the effects of variable isotopic signatures and hydrodynamic mixing in macroporous soil[J]. Journal of hydrology, 563(56): 446-459.

JONES J A A, 1971. Soil piping and stream channel initiation[J]. Water resources research, 7(3): 602-610.

JONES J A A, 1981. The nature of soil piping-a review of research[M]. Norwich: Geo Books.

JUTTA T D P, JENS B, MARIAHELENA R, et al., 2008. The european flood alert system-Part I: concept and development[J]. Hydrology and earth system sciences, 13(2): 125-140.

KIENZLER P M, NAEF F, 2008. Subsurface storm flow formation at different hillslopes and implications for the 'old water paradox'[J]. Hydrological processes, 22(1): 104-116.

KIRKBY M J, 1978. Hillslope hydrology[M]. New Jersey: John Wiley & Sons.

KRIZHEVSKY A, SUTSKEVER I, HINTON G E, 2012. ImageNet Classification with Deep Convolutional Neural Networks[J]. Communications of the ACM, 60(6): 84-90.

LEHMANN P, HINZ C, MCGRATH G, et al., 2007. Rainfall threshold for hillslope outflow: an emergent property of flow pathway connectivity[J]. Hydrology and earth system sciences, 11(2): 1047-1063.

LINSLEY R K, CRAWFORD N H, 1960. Computation of a synthetic stream-flow record on a digital computer[J]. International association of scientific hydrology, 51: 526-538.

LINSLEY R K, KOHLER M A, 1951. Variations in storm rainfall over small areas[J]. Eos, transactions American geophysical union, 32(2): 245-250.

LIU Y P, STEENHUIS T S, PARLANGE J Y, 1994. Closed-form solution for finger width in sandy soils at different water contents[J]. Water resources research, 30 (4): 949-952.

MCDONNELL J J, 1990. A rationale for old water discharge through macropores in a steep, humid catchment[J]. Water resources research, 26 (11):2821-2832.

MCDONNELL J J, 2003. Where does water go when it rains? Moving beyond the variable source area concept of rainfall-runoff response[J]. Hydrological Processes, 17(9): 1869-1875.

MIRUS B B, LOAGUE K, 2013. How runoff begins (and ends): characterizing hydrologic response at the catchment scale[J]. Water resources research, 49(5): 2987-3006.

MOSLEY M P, 1979. Streamflow generation in a forested watershed, New-Zealand[J]. Water resources research, 15(4): 795-806.

NASH E J, 1960. A unit hydrograph study, with particular reference to british catchments[J]. Proceedings of the institution of civil engineers, 17(3): 249-282.

NEWMAN B D, CAMPBELL A R, WILCOX B P, 1998. Lateral subsurface flow pathways in a semiarid ponderosa pine hillslope[J]. Water resources research, 34(12): 3485-3496.

O'BRIEN J, 2009. FLO-2D Reference manual, version 2009[EB/OL]. (2011-06-06)[2020-12-22]. http://www. flo-2d. com.

OFEE, OFAT, OFEFP, 1997: Prise en Compte des Dangers dus aux Crues dans le Cadre des Activités de l'Aménagement du Territoire[EB/OL].http: //www.planat.ch/ fileadmin/PLANAT/planat_pdf/ alle_2012/ 1996-2000/ Lateltin_1997_-_Prise_en_compte_des_dangers.pdf.

PARLANGE J Y, HILL D E, 1976. Theoretical analysis of wetting front instability in soils[J]. Soil science, 61 (4): 236-239.

PEARCE A J, STEWART M K, SKLASH M G, 1986. Storm runoff generation in humid headwater catchments: 1. where does the water come from[J]. Water resources research, 22(8): 1263-1272.

PILGRIM D H, HUFF D D, STEELE T D, 1978. A field evaluation of subsurface and surface runoff: II. Runoff processes[J]. Journal of hydrology, 38(3-4): 319-341.

QI Y, MIN J, ZHANG J, et al., 2010. Radar-based quantitative precipitation estimation for the cool season in mountainous regions[C]// WMO international conference on quantitative precipitation estimation and quantitative precipitation forecasting and hydrology, Nanjing.

ROBERGE J, PLAMONDON A P, 1987. Snowmelt runoff pathways in a boreal forest hillslope, the role of pipe throughflow[J]. Journal of hydrology, 95(1-2): 39-54.

ROBINSON J S, SIVAPALAN M, 1996. Instantaneous response functions of overland flow and subsurface stormflow for catchment models[J]. Hydrological processes, 10(6): 845-862.

RODRÍGUEZ I I, VALDÉS J B, 1979. The geomorphologic structure of hydrologic response[J]. Water resources research, 15(6): 1409-1420.

RUMELHART D E, HINTON G E, WILLIAMS R J, 1988. Learning internal representations by error propagation[M]//RUMELHART D E, MCCLELLAND J L. Parallel Distributed Processing: Explorations in the Microstructure of Cognition. Cambridge: MIT Press.

SCANLON T M, RAFFENSPERGER J P, HORNBERGER G M, et al., 2000. Shallow subsurface storm flow in a forested headwater catchment: observations and modeling using a modified TOPMODEL[J]. Water resources research, 36(9): 2575-2586.

SCHMIDHUBER J, 2015. Deep learning in neural networks: an overview[J]. Neural networks: the official journal of the international neural network society, 61: 85-117.

SHAMAN J, STIEGLITZ M, ENGEL V, et al., 2002. Representation of subsurface storm flow and a more responsive water table in a TOPMODEL-based hydrology model-art. no. 1156[J]. Water resources research, 38(8): 31-1-31-6.

SHERMAN L K, 1932. Stream flow fom rainfall by the unit graph method[J]. Engineering news record, 108: 501-505.

SHI X, CHEN Z, WANG H, et al., 2015. Convolutional LSTM network: a machine learning approach for precipitation nowcasting[C]//Advances in neural information processing systems.

SLOAN P G, MOORE I D, 1984. Modeling subsurface stormflow on steeply sloping forested watersheds[J]. Water resources research, 20(12): 1815-1822.

SMIRNOV E A, TIMOSHENKO D M, ANDRIANOV S N, 2014. Comparison of regularization methods for imagenet classification with deep convolutional neural networks[J]. AASRI procedia, 6: 89-94.

SOLOMATINE D, SEE L M, ABRAHART R J, 2008. Data-driven modelling: concepts, approaches and experiences[M]. Berlin: Springer.

SPAAKS J H, BOUTEN W, MCDONNELL J J, 2009. Iterative approach to modeling subsurface stormflow based on nonlinear, hillslope-scale physics[J]. Hydrology and earth system sciences discussions, 6(4): 5205-5241.

STANZEL P, KAHL B, HABERL U, et al., 2008. Continuous hydrological modelling in the context of real time flood forecasting in alpine Danube tributary catchments[J]. IOP conference series: earth and environmental science, 4(12): 5.

SUTSKEVER I, VINYALS O, LE Q V, 2014. Urban water flow and water level prediction based on deep learning[C]//Advances in neural information processing systems: 3104-3112.

TANI M, 1997. Runoff generation processes estimated from hydrological observations on a steep forested hillslope with a thin soil layer[J]. Journal of hydrology, 200 (1-4): 84-109.

TAO Y, GAO X, HSU K, et al., 2016. A deep neural network modeling framework to reduce bias in satellite precipitation products[J]. Journal of hydrometeorology, 17(3):931-945.

TERAJIMA T, 2002. Subsurface water discharge and sediment yield relevant to pipe flow in a forested 0-order basin, Hokkaido northern Japan[J]. Trans. Jpn. Geomorphol. Union, 23(4): 511-535.

THIELEN J, BARTHOLMES J, RAMOS M H, et al., 2009. The European flood alert system-part 1: concept and development[J]. Hydrology and earth system sciences, 13(2): 125-140.

TOPP G C, DAVIS J L, ANNAN A P, 1980. Electromagnetic determination of soil water content: measurements in coaxial transmission lines[J]. Water resources research, 16(3): 574-582.

TROMP-VAN M H J, MCDONNELL J J, 2006a. Threshold relations in subsurface stormflow: 1. A 147-storm analysis of the Panola hillslope[J]. Water resources research, 42(2): W02410.

TROMP-VAN M H J, MCDONNELL J J, 2006b. Threshold relations in subsurface stormflow: 2. The fill and spill hypothesis[J]. Water resources research, 42(2): W02411.

TSUKAMOTO Y, OHTA T, 1988. Runoff process on a steep forested slope[J]. Journal of hydrology, 102(1-4): 165-178.

VAN SCHAIK N, SCHNABEL S, JETTEN V G, 2010. The influence of preferential flow on hillslope hydrology in a semiarid watershed (in the Spanish Dehesas)[J]. Hydrological processes, 22(18): 3844-3855.

VILLARINI G, KRAJEWSKI W F, 2007. Evaluation of the research version TMPA three-hourly $0.25° \times 0.25°$ rainfall estimates over Oklahoma[J]. Geophysical research letters, 34(5): L05402.

VOGEL T, SANDA M, DUSEK J et al., 2010. Using oxygen-18 to study the role of preferential flow in the formation of hillslope runoff[J]. Vadose zone journal, 9(2): 252-259.

WEILER M, MCDONNELL J, MEERVELD I V, et al., 2006. Subsurface stormflow[M]//Encyclopedia of hydrological sciences. New Jersey: John Wiley & Sons.

WHIPKEY R Z, 1965. Subsurface stormflow from forested slopes[J]. Bulletin of the international association of scientific hydrology, 10(2): 74-85.

WOO M, DICENZO P D, 1989. Hydrology of small tributary streams in a subarctic wetland[J]. Canadian journal of earth sciences, 26(8): 1557-1566.

WOODS R, ROWE L, 1996. The changing spatial variability of subsurface flow across a hillside[J]. Journal of hydrology (New Zealand), 35(1): 51-86.

XING B, LIU Z, LIU G, et al., 2015. Determination of runoff components using path analysis and isotopic measurements in a glacier-covered alpine catchment (upper Hailuogou Valley) in southwest China[J]. Hydrological processes, 29(14): 3065-3073.

YOUNG P C, BEVEN K J, 1994. Data-based mechanistic modelling and the rainfall-flow non-linearity[J]. Environmetrics (London, Ont.), 5(3): 335-363.

ZHANG D, GEIR L, HARSHA R, 2018a. Use long short-term memory to enhance Internet of Things for combined sewer overflow monitoring[J]. Journal of hydrology, 556: 409-418.

ZHANG J, ZHU Y, ZHANG X, et al., 2018b. Developing a Long Short-Term Memory (LSTM) based model for predicting water table depth in agricultural areas[J]. Journal of hydrology, 561: 918-929.

ZHANG Y, BORIS B, CHEN L, et al., 2017. A fully subordinated linear flow model for hillslope subsurface stormflow[J]. Water resources research, 53(4): 3491-3504.

ZHU M L, FUJITAI M, HASHIMOT N, 1994. Application of neural networks to runoff prediction[M] // HIPEL K W, MCLEOD A L, PANU U S, et al. Stochastic and statistical methods in hydrology and environmental engineering. Berlin: Springer: 205-216.

ZOCH R T, 1934. On the relation between rainfall and streamflow[J]. Monthly weather review, 62(9): 315-322.